国民营养科普丛书

——常见食品安全问题

主　审　郭云昌
主　编　张　丁　张书芳
副主编　张秀丽　付鹏钰

人民卫生出版社
·北　京·

图书在版编目（CIP）数据

常见食品安全问题 / 张丁，张书芳主编 . —北京：人民卫生出版社，2022.2

（国民营养科普丛书）

ISBN 978-7-117-30338-5

Ⅰ. ①常… Ⅱ. ①张…②张… Ⅲ. ①食品安全 – 研究 – 中国 Ⅳ. ①TS201.6

中国版本图书馆 CIP 数据核字（2020）第 146917 号

国民营养科普丛书——常见食品安全问题

Guomin Yingyang Kepu Congshu——Changjian Shipin Anquan Wenti

主　　编：张　丁　张书芳
出版发行：人民卫生出版社（中继线 010-59780011）
地　　址：北京市朝阳区潘家园南里 19 号
邮　　编：100021
E - mail：pmph @ pmph.com
购书热线：010-59787592　010-59787584　010-65264830
印　　刷：北京盛通印刷股份有限公司
经　　销：新华书店
开　　本：710 × 1000　1/16　**印张：**9.5
字　　数：161 千字
版　　次：2022 年 2 月第 1 版
印　　次：2022 年 4 月第 1 次印刷
标准书号：ISBN 978-7-117-30338-5
定　　价：39.00 元

编　者

（以姓氏笔画为序）

王改丽　南阳市梅溪画室
王雪竹　河南省食品药品审评查验中心
叶　冰　河南省疾病预防控制中心
付鹏钰　河南省疾病预防控制中心
吕全军　郑州大学
刘智勇　河南省食品检验研究院
苏永恒　河南省疾病预防控制中心
李　杉　河南省疾病预防控制中心
杨　丽　河南省疾病预防控制中心
张　丁　河南省疾病预防控制中心
张　强　河南省健康教育所
张二鹏　河南省疾病预防控制中心
张书芳　河南省疾病预防控制中心
张秀丽　河南省疾病预防控制中心
周昇昇　河南省疾病预防控制中心
袁　蒲　河南省疾病预防控制中心
解　魁　河南省疾病预防控制中心
薛云浩　河南省食品药品审评查验中心

秘　书　杨　丽　河南省疾病预防控制中心

《国民营养科普丛书》

编写委员会

栾德春　辽宁省疾病预防控制中心
苏丹婷　浙江省疾病预防控制中心
辛　宝　陕西中医药大学公共卫生学院
熊　鹰　重庆市疾病预防控制中心
张　丁　河南省疾病预防控制中心
张俊黎　山东省疾病预防控制中心
张书芳　河南省疾病预防控制中心
张同军　陕西省疾病预防控制中心
章荣华　浙江省疾病预防控制中心
赵　耀　北京市疾病预防控制中心
周永林　江苏省疾病预防控制中心
朱文艺　陆军军医大学新桥医院
朱珍妮　上海市疾病预防控制中心

编委会专家组　（按姓氏汉语拼音排序）

陈　伟　北京协和医院
丁钢强　中国疾病预防控制中心营养与健康所
葛　声　上海市第六人民医院
郭云昌　国家食品安全风险评估中心
黄承钰　四川大学
刘爱玲　中国疾病预防控制中心营养与健康所
楼晓明　浙江省疾病预防控制中心
汪之顼　南京医科大学
王惠君　中国疾病预防控制中心营养与健康所
王志宏　中国疾病预防控制中心营养与健康所
吴　凡　复旦大学
杨振宇　中国疾病预防控制中心营养与健康所
易国勤　湖北省疾病预防控制中心
张　兵　中国疾病预防控制中心营养与健康所
张　坚　中国疾病预防控制中心营养与健康所
张　倩　中国疾病预防控制中心营养与健康所
朱文丽　北京大学
周景洋　山东省疾病预防控制中心

编委会秘书组　（按姓氏汉语拼音排序）

刘爱玲　中国疾病预防控制中心营养与健康所
马彦宁　中国疾病预防控制中心营养与健康所

序

随着我国社会经济快速发展，国民营养健康状况得到明显改善，同时也伴随出现新的问题和挑战。一方面，人民群众对营养健康知识有着强烈渴求，另一方面，社会上各种渠道传播的营养知识鱼龙混杂，有的甚至真假难辨。因此，亟须加强科学权威的营养科普宣传，引导人民群众形成真正健康科学的膳食习惯和生活方式，提升人民群众营养素养与水平，切实增强人民群众获得感与幸福感。

为贯彻落实《国民营养计划(2017—2030 年)》“全面普及营养健康知识”和健康中国合理膳食行动要求，国家卫生健康委员会食品安全标准与监测评估司委托中国疾病预防控制中心营养与健康所组织编写《国民营养科普丛书》12 册，其中《母婴营养膳食指导》《2~5 岁儿童营养膳食指导》《6~17 岁儿童青少年营养膳食指导》《职业人群营养膳食指导》和《老年人营养膳食指导》详细介绍了不同人群的营养需求和膳食指导；《常见食物营养误区》和《常见食品安全问题》对居民关注的营养与食品安全的热点问题及存在误区进行了详细解答；《身体活动健康指导》和《健康体重管理指导》详细介绍了不同人群的身体活动建议以及如何保持健康体重；《常见营养不良膳食指导》《糖尿病膳食指导》《心血管疾病膳食指导》针对不同疾病的营养需求给出了有针对性和实用性的指导。

从书围绕目前我国居民日常生活中遇到的、关心的问题，结合营养食品科研成果和国内外动态，力求以通俗易懂的语言向大众进行科普宣传，客观、全面地普及相关营养知识。丛书采用一问一答、图文并茂的编写形式，努力做到深入浅出，整体形成一套适合不同人群需要，兼具科学性、实用性、指导性的营

养科普工具书。

丛书由100多位营养学、医学、传播学及健康教育等相关领域的专家学者共同撰写，历经了多次研讨和思考，针对不同人群健康需求，凝练了近2 000个营养食品相关热点问题，分类整理并逐一解答。丛书以广大人民群众为主要读者对象，在编写过程中尽量避免使用专业术语，同时也可为健康教育工作者提供科学实用的参考。希望丛书的出版能够成为正确引导广大居民合理膳食的有益工具，为促进营养改善和慢性病防治、提升居民营养素养提供帮助。

编委会

2022年1月

前言

“民以食为天”，食品是人们赖以生存的物质基础，食品的安全作为一项关系广大人民群众身体健康和生命安全的重大问题而被社会广为关注。由于食品的种类繁多、加工环节复杂、生产的链条较长，因此，保障食品安全是一项复杂的系统工程。从生产到流通、从农田到餐桌各个环节都需要各级政府、生产企业、科研机构、消费者、新闻媒体等全社会的广泛参与和共同治理。

除了食品的生产加工、政府的监督管理之外，社会各界特别是消费者、媒体对食品安全的科学理解和正确认知也非常重要。多年来社会上有许多涉及食品安全的事件对人们造成很大的震动，但梳理起来并非都真正与食品安全相关。这其中有些是因为信息不对称而误导人们对食品安全的理解和认识所致。中国工程院院士、国家食品安全风险评估专家委员会主任委员陈君石认为：“……除了食源性疾病以外，中国面临最大的食品安全问题是食品安全信息的不对称”。信息的不对称极易造成误导，而误导性信息造成的负面舆情对广大消费者在心灵上的危害有时甚至大于食品中的一些真正危害。

虽然政府和社会各界近些年不断加强宣传力度，在一定程度上使消费者的食品安全意识有所提高，但鉴于我国人口众多、知识水平和科学素养参差不齐，加之科学、准确的风险交流不够充分，消费者食品安全意识的增强和他们对此方面的理解和认知并不同步。此外，部分商家出自商业目的发布虚假信息、个别媒体发布的信息缺乏科学性和准确性都会对消费者产生误导，更增加了人们对食品安全问题的模糊认识，甚至走入误区。解决这一问题需要社会各界共同努力，在科学的基础上加强沟通交流，提高认识，达成共识，一起面对挑战。

本书由多年从事食品安全风险管理和研究的专家、学者参与编写，编者们查阅了大量文献和资料，收集了近年来人们在食品安全方面所面临的疑惑，结合目前我国开展的食品安全监管、监测检验、风险评估、食品科研以及国内外动态等知识，力求以通俗的语言和精炼的表达向大众宣传科学、客观和全面的食品安全知识和观点，为广大读者提供较为全面、权威、科学的信息。希望能使人们正确地掌握食品安全方面的科学知识，理性、客观地看待我们社会所面临的食品安全风险，树立正确的消费观念，更好地选择与享受丰富多样的食品，吃出健康，吃出安全，愉悦身心，增强大众的获得感，共筑健康大中国，共追多彩中国梦。

主编

2022 年 1 月

目 录

一、认识食品安全

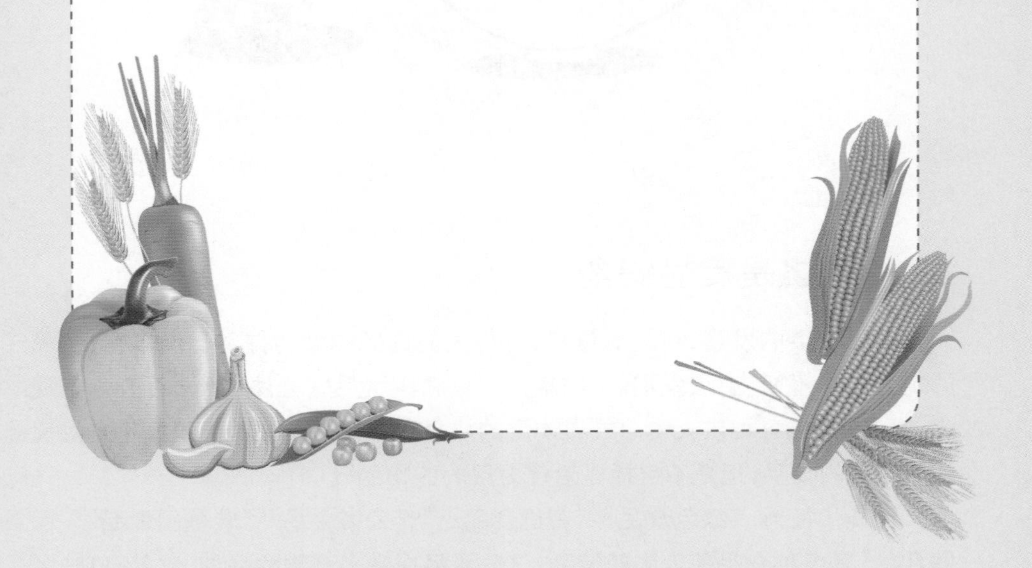

民以食为天，食以安为先。食品与人类生活息息相关，是人类生存和发展的物质基础之一。食品安全关系到人们的身体健康和生命安全，是一个全球性的公共卫生问题，关系着国家的发展和社会的长治久安。影响食品安全的因素多种多样，只有加强“从农田到餐桌”全过程链的食品安全管理，才能保证食品质量和安全。党和政府高度重视食品安全问题，随着《中华人民共和国食品安全法》的发布实施，以及不断调整、完善和理顺食品安全监管体系，我国的食品安全状况已经取得了长足的改善，食品安全的总体形势呈现稳定趋好的局面。

1. 什么是食品安全

随着社会的发展，科技的进步，可供人们选择的食物种类日渐丰富，食品的定义也在不断变化、发展。《中华人民共和国食品安全法》第一百五十条规定：食品是“指各种供人食用或者饮用的成品和原料以及按照传统既是食品又是中药材的物品，但是不包括以治疗为目的的物品”。

在现代社会，“绿色食品”“有机食品”“无公害食品”“转基因食品”“保健食品”等各种食品使人眼花缭乱，这些食品在带来食物的品种、营养、口味多样化的同时，也给人们带来了安全方面的担忧。

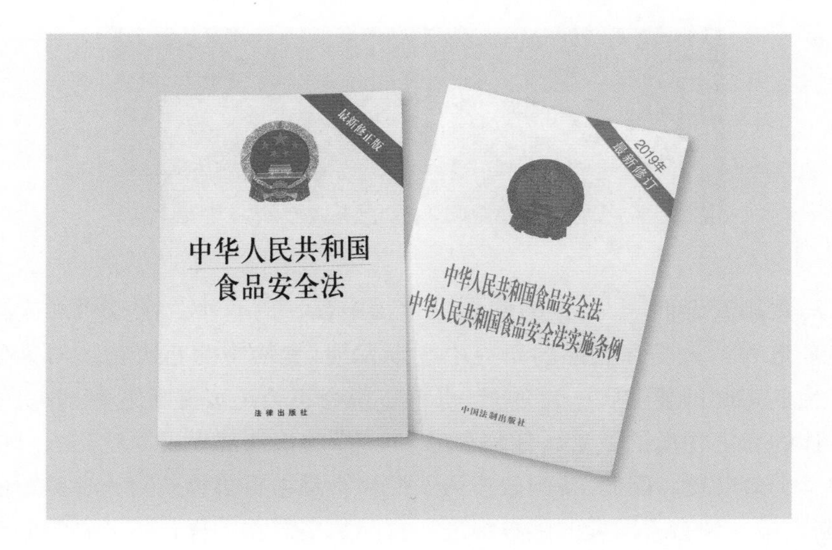

《中华人民共和国食品安全法》定义食品安全为:“食品应当无毒、无害,符合应当有的营养要求,对人体健康不造成任何急性、亚急性或者慢性危害。”

食品安全是一个全球性的公共卫生问题,它不仅关系到我们每一个人的身体健康和生命安全,还影响社会和经济的发展,如何保证食品安全已成为一个世界性的重大课题,越来越多地受到政府和人们的重视。

随着科技的进步,人们的健康意识和需求不断提高,食品安全在人们的日常生活中变得越来越重要,并会得到不断的强化和完善。食品安全问题关系到每一个消费者的切身利益,食品安全的相关研究和成果会不断丰富和提升人们对食品安全的认识,从而为指导人们合理选择食物、科学健康饮食发挥越来越重要的作用。

2. 食品安全能做到“零风险”吗

消费者普遍认为食品安全应该做到“零风险”,但科学家却提出食品安全不存在“零风险”,这是因为食物要经过种养殖、加工、运输、储存、销售等多个环节才能到达消费者的手中,在如此多的链条中有些有害物质或多或少会进入到食物中,比如常见的重金属(铅、镉、汞)、黄曲霉毒素、致病细菌等都可能在生产加工过程中污染食物。在整个食物供应链中,要完全避免、消除这些有害物质是不可能、不现实的,世界上没有任何一个国家能够做到。

对食品安全而言，关键的问题是食物中存在的有害物质是否对人体健康造成危害？人类在长期的研究中逐渐发现，食物中的有害物质对人体健康产生危害必须要达到一定的量，也就是说会不会造成健康危害，取决于进入人体的有害物质的数量。任何食品“有毒”的说法都需要以吃到人体中的量的多少为前提。因此，各国政府为了控制食品中有害物质对人体健康的危害，制定了各种有害因素的限量标准和食品加工制作的操作规范来控制健康风险。

另外，消费者也应当肩负起维护自身健康的责任，学习和正确认识食品安全相关知识，养成良好、健康的生活习惯，采用科学、正确的方式选择、加工食品，降低食品安全风险。

3. 哪些因素会影响食品安全

影响食品安全的因素是多种多样的。主要有：

（1）生物性污染是影响食品安全的最主要因素，包括细菌性污染、病毒、真菌及其毒素和寄生虫及其卵的污染。食品生物性污染的途径主要有以下几种：一是污染食品原料；二是在食品加工过程中的污染；三是在食品贮存、运输以及销售过程中的污染。

（2）我国仍存在众多的环境污染问题，大气、水、土壤污染以及大量使用各种化学品，导致食品安全危害时有发生。

（3）种植养殖业中农兽药的滥用造成食物中农兽药残留的问题仍然需要关注。例如国家明令禁止生产和使用的甲胺磷、毒鼠强、盐酸克伦特罗等农兽药引起的食物中毒事件仍时有发生。

（4）受我国经济发展水平不平衡的制约，一些食品生产加工企业的食品安全意识不强，食品生产加工过程中食品添加剂超范围与超限量使用现象时有发生。

(5) 在现阶段,还有一些不法生产经营者为牟取暴利,不顾消费者的安危,在食品生产经营中人为掺杂使假,非法添加非食用物质严重危害了消费者的利益。

(6) 食品的放射性污染一般主要来自放射性物质的开采、冶炼、生产、应用及意外事故造成的污染。2011 年 3 月,日本福岛核泄漏事故,可通过污染海洋生物而进入人类的食物链。因此,放射性污染对食品安全的影响也是不可忽视的。

二、食品安全的头号大敌——食源性疾病

食源性疾病无论在发达国家或发展中国家，都是一个重要的公共卫生问题。

我国最大的食品安全问题
食源性疾病

4. 什么是食源性疾病

世界卫生组织认为，凡是通过摄食进入人体、由各种致病因子引起的，通常具有感染性或中毒性的一类疾病，都称之为食源性疾病，不包括一些与饮食有关的慢性病、代谢病，如糖尿病、高血压等。《中华人民共和国食品安全法》对食源性疾病也有明确定义：食源性疾病是指食品中致病因素进入人体引起的感染性、中毒性等疾病，包括食物中毒。

5. 食源性疾病的危害大吗

食源性疾病是当今世界各国广泛关注的卫生问题之一，发病率居各类疾病总发病率的第二位。在发达国家，每年罹患食源性疾病的人口百分比高达30%，而发展中国家虽然还没有系统的食源性疾病数据统计报告，但是其情况也不容乐观，甚至更加严重。我国近些年建立了食源性疾病监测报告制度，根

据国家食品安全风险评估中心监测数据显示,2018 年我国监测到的疑似食源性疾病病例就达 128 万余例,采集病例生物标本 13 万余份,然而由于目前监测制度尚未完善,监测结果只是冰山一角,食源性疾病实际罹患人数远多于此。这也说明,食源性疾病预防、控制的任务仍然十分艰巨。

6. 常见的食源性疾病有哪些

细菌性食源性疾病:是指由于摄入了被致病菌或其毒素污染的食物而引起的疾病,往往是由于食品被致病菌污染后,在适宜的条件下,致病菌急剧大量繁殖而引发的。

(1) 不容小觑的沙门氏菌:沙门氏菌在自然界分布广泛,通常寄居在人和动物肠道内,通过粪便污染环境和较多种类的食物,如肉类、蛋类和糕点类等,生鸡肉的污染率较高。沙门氏菌是世界上最常见的引起细菌性食源性疾病的致病菌,在我国内陆地区占第一位。

沙门氏菌是人兽共患病原菌,肉类食品从畜禽的宰杀到烹调加工的各个环节中,都可受到污染。烹调后的熟肉如果再次受到污染,并且在较高的温度下存放,食用前又不再加热,则更为危险。沙门氏菌引起的食源性疾病,全年

均可发生，但主要发生在夏秋季节。大多数人感染沙门氏菌 6~48 小时内会出现腹泻、腹痛、发热、恶心、呕吐等症状，多数人在没有抗生素治疗的情况下可以康复，严重的腹泻患者需要住院治疗。任何人都可能感染沙门氏菌，但是老人、儿童和免疫力低下的人群更易感染。

(2) 喜爱高盐的副溶血性弧菌：副溶血性弧菌是一种海洋细菌，具有嗜盐性，主要来源于鱼、虾、蟹、贝类等海产品。

副溶血性弧菌是沿海国家或地区的重要食物中毒病原菌，在日本居于首位。在我国的沿海地区，该菌也是当地食物中毒的首要病原菌。近几年来，由于空运业的快速发展，食用新鲜海产品的人群和地域在不断扩增，由此菌引发的食品安全问题也显得越来越重要。副溶血性弧菌中毒多发生在 6~9 月份高温季节，海产品大量上市时。中毒食品主要是动物性海产品，主要原因是食用烹调时未烧熟、煮透，或熟制品受污染后未再彻底加热，以及被盛放容器污染的食物。患者临床表现为水样腹泻，常伴有腹部绞痛等症状，病程持续约 3 天，恢复较快。

(3) “产毒催吐”的金黄色葡萄球菌：金黄色葡萄球菌广泛存在于自然界，绝大多数对人不致病，只有少数可引起人或动物感染，金黄色葡萄球菌的产肠毒素菌株污染食品可产生肠毒素，引起食源性疾病。常污染蛋白质或淀粉含量丰富的食品，如肉制品、奶制品、糕点和剩饭。金黄色葡萄球菌肠毒素可耐受高温，是引起食物中毒的元凶，产生肠毒素的葡萄球菌污染了食品，在较高

的温度下大量繁殖，于适合的食品和条件下产生肠毒素，吃了这样的食品就可能发生中毒。

(4) 致命的肉毒梭菌：肉毒毒素食物中毒是由于食用了含有肉毒梭菌产生的肉毒毒素的食物而引起，临床上以运动神经麻痹为主要症状。常见的引起中毒的食品有香肠、罐头食品及家庭自制臭豆酱、臭豆腐等，这些食品在制作过程中都可形成密闭的厌氧环境，有利于肉毒梭菌的生长繁殖和产生毒素；除此之外，蜂蜜和奶粉也是肉毒梭菌芽孢高污染食品，可引起婴幼儿感染型肉毒毒素中毒。世界卫生组织及美国、英国、加拿大、爱尔兰等各国政府，均警告 1 岁以下婴儿不要喂食蜂蜜。

(5) 分布广泛的蜡样芽孢杆菌：蜡样芽孢杆菌分布广泛，特别是在谷物制品中浸染广泛。该菌能产生致吐肠毒素和致腹泻肠毒素，前者耐热。蜡样芽孢杆菌食物中毒主要因吃剩米饭、剩菜、凉拌菜等引起。中毒季节以夏、秋季为多。

(6) 不可忽视的大肠埃希氏菌：大肠埃希氏菌广泛存在于人和动物的肠道中，是人和动物肠道中的正常菌群，正常情况下对机体有利。同时，它又是条件致病菌，在一定条件下可引起肠道外感染。一般将能引起人肠道感染的、引起人类腹泻的大肠埃希氏菌称为致泻性大肠埃希氏菌。

致泻性大肠埃希氏菌是重要的食源性疾病病原菌。常见引起中毒食品为各类熟肉制品、蛋及蛋制品、生牛奶、奶酪、蔬菜等。中毒多发生在 3~9 月份。中毒原因主要是食品未经彻底加热，或加工过程中造成的交叉污染。

(7) 喜爱高温的空肠弯曲菌：空肠弯曲菌为弯曲菌属的一个种，在自然界中分布广泛，存在于多种动物肠道内，随粪便排出污染环境，直接或间接污染食物，导致人畜空肠弯曲菌病的暴发。空肠弯曲菌的带菌者主要为人、家禽、家畜。在发达国家，空肠弯曲菌肠炎在所有微生物引起的肠炎中位居第一。中毒食品多为肉与肉制品、鱼、牛奶、糕点等。空肠弯曲菌中毒全年均可发生，但多发生于气候炎热的夏秋季节。

(8) 婴幼儿高危致病菌——克罗诺杆菌属（阪崎肠杆菌）：克罗诺杆菌属是环境中常见的微生物，主要特点为耐热、耐干燥和耐高渗透压，可在干燥环境中生存。克罗诺杆菌属感染多见于 1 岁以下的早产儿，体重低或者免疫力低的高风险婴儿。如果奶粉冲调不当或者开盖后存放不当，可能被环境中的克罗诺杆菌属（阪崎肠杆菌）污染，食用被克罗诺杆菌属污染的婴幼儿乳粉，可引起新生儿脑膜炎、菌血症等严重疾病，死亡率高达 20%~50%。我国食品

安全国家标准明确规定，市售 0~6 个月的婴儿配方食品中不得检出克罗诺杆菌属。

(9)“冰箱杀手”——单核细胞增生李斯特菌：单核细胞增生李斯特菌简称单增李斯特菌，生存能力较强，特别是在冰箱 4℃条件下仍可以生长繁殖。

单增李斯特菌常污染冰激凌、肉类、奶制品和水产品等，食用了被单增李斯特菌污染的食物可引起严重的食源性疾病。高危人群包括孕妇、新生儿、老年人和免疫力较弱的人。患者一般出现发热、肌肉酸疼、恶心、呕吐和腹泻等症状，严重者可出现败血症、脑膜炎等。孕妇患者可出现发热和其他流感样症状，但可引起胎儿感染，导致流产或者新生儿严重疾病如脑膜炎甚至死亡。一般 1/3 感染单增李斯特菌的孕妇可能发生流产。

病毒性和寄生虫食源性疾病：是指以食物为载体的病毒和寄生虫，通过摄食进入人体而引起的感染性疾病。

(10) 粪 - 口传播的甲型肝炎病毒：甲型肝炎病毒是通过食品传播的最常见的一种病毒，它可导致暴发性、流行性病毒性肝炎。1988 年，上海暴发由于生食毛蚶而引发的食物中毒，约 30 万人患病。原因是毛蚶受到甲肝病毒严重污染，上海市民缺乏甲肝的免疫屏障，又有生食毛蚶的习惯，酿成暴发。

(11) 秋冬季高发的诺如病毒：诺如病毒是肠道病毒的一种，主要寄生于人或动物的肠道内，具有高度传染性和快速传播力等特点。近年来，我国以及美国、英国、加拿大等发达国家每年报告的由诺如病毒引起的食源性胃肠炎暴发呈逐年上升趋势，成为越来越严重的公共卫生问题。诺如病毒全年均可发生感染，主要在冬季流行，可导致呕吐和腹泻，且易在学校、医院、养老院等场所暴发。诺如病毒可通过进食受污染的食物和水、与感染者直接接触以及触摸被诺如病毒污染的物体表面后未彻底清洗双手等途径感染。诺如病毒感染传播性极强，可导致较高的接触传播率。

(12) 特别要小心食品中的寄生虫！

世界上有很多寄生虫，如寄生于植物表面的布氏姜片虫，寄生于淡水甲壳动物体内的并殖吸虫（肺吸虫），寄生于鱼体内的华支睾吸虫（肝吸虫），寄生于螺体内的广州管圆线虫，寄生于猪、牛、马、羊、狗、猫、兔体内的旋毛虫、猪带绦虫、牛带绦虫、弓形虫、裂头蚴等。这些寄生虫一般通过有效的高温加热可以

被杀死。但人们常常因为食用了加热不彻底而没能杀死寄生虫或虫卵的食物，或亲密接触了含有寄生虫或虫卵的动、植物导致感染。临床表现因寄生虫种类不同而不同。预防寄生虫病，人们应加强对食品中寄生虫知识的学习，不买、不吃有可能含有寄生虫的食物，并养成良好的饮食习惯，不喝生水，不生食或进食未经彻底加热的肉类和水产品。

有毒动植物食源性疾病：指误食有毒动植物或摄入因加工、烹调不当未除去有毒成分的动植物食物而引起的中毒，其发病率较高，病死率因动植物种类而异。

（13）毒性很强的河豚毒素：河豚，又名鲀，河豚肉味道非常鲜美，但有些品种的河豚含有毒性很强的河豚毒素，吃后能引起中毒，所以有“冒死吃河豚”的说法。河豚不是浑身都有毒，它的鱼肉并没有毒，只是河豚的鱼卵、卵巢、睾丸、肝脏等内脏以及血液、神经等含有河豚毒素。如果吃了以上有毒组织，或宰割时内脏的毒素污染鱼肉，食后也会中毒。河豚毒素是自然界发现的毒性最大的神经毒素之一，所以只要摄入河豚毒素往往都是致命性的，没有轻微的表现。河豚毒素中毒发病非常快，吃后 10~30 分钟就可以发病，最初的症状有手指、舌唇刺痛感，然后出现恶心、呕吐、腹痛、腹泻等胃肠道症状，继而全身麻木、眼睑下垂、四肢无力、行走不稳、共济失调。肌肉软瘫，很快出现呼吸困难的症状，最短中毒后 10 分钟就会死亡。

该毒素不仅存在于豚科鱼中，在贝类、蟹类、章鱼、蝾螈和线虫等生物体内也发现了河豚毒素。我国沿海地区因食用海产品而发生河豚毒素中毒事件时有发生，除河豚外，还包括织纹螺、烤鱼片等。除养殖红鳍东方鲀和养殖暗纹东方鲀外，我国禁止加工经营所有品种野生河豚，擅自加工经营河豚是违法行为。

那么如何预防河豚毒素中毒呢？由于河豚毒素对热稳定，100℃处理 24 小时才能把毒素完全破坏，在烹调过程中很难除去。因此要认识河豚，了解其毒性，避免误食或贪其美味处理不当而中毒。

（14）麻痹性贝类中毒：有些贝类如扇贝、贻贝、牡蛎和文蛤等双壳贝类，以及织纹螺、泥螺等螺类含有神经毒素，食用这些贝类后可发生中毒，主要出现麻痹症状，故称麻痹性贝类中毒。一般吃后几分钟至数小时出现症状，开始是唇、舌、指尖麻木，继而腿、臂和颈部麻木，然后走路不稳；有的患者还会出现头痛、头晕、恶心、呕吐等症状；大多数患者意识清楚。随着病程进展，呼吸困难会加重，重者会在 2~12 小时后死于呼吸麻痹，死亡率约 5%~8%。目前，对于有毒贝类中毒，尚无特效解毒药物，急救治疗措施包括及时催吐、洗胃、导泻、静脉补液等。为预防有毒贝类中毒，在贝类产区应进行广泛宣传，使群众了解有毒贝类中毒的有关知识。另外，食用贝类时应除去内脏。

(15) 四季豆没烧熟吃了也中毒。

四季豆又名扁豆、云豆、刀豆、梅豆等，各地称呼不同，是人们喜食的蔬菜。吃四季豆一般不会中毒，但吃了没有充分加热、熟透的四季豆能使人中毒。四季豆中毒一年四季均可发生，以夏、秋季为多。

四季豆中毒多发生在集体饭堂，主要原因是锅小加工量大，翻炒不均，受热不匀，不易烧透焖熟；有的厨师贪图四季豆颜色好看，没有把四季豆加热熟透；有的厨师喜欢把四季豆先在开水中焯一下然后再用油炒，误认为两次加热就保险了，实际上两次加热都不彻底，最后还是没把毒素破坏掉，吃后引起中毒。

四季豆中毒的潜伏期多为 1 小时左右，一般不超过 5 小时，主要为胃肠炎症状，如恶心、呕吐、腹痛和腹泻，也有头晕、头痛、胸闷、出冷汗、心慌、胃部烧灼感等，病程一般为数小时或 1~2 天，一般程度的中毒可自愈，严重者需就医治疗。

预防四季豆中毒最有效的措施是烧熟煮透，要加热至四季豆失去原有的生绿色，食用时无豆腥味，不能贪图色泽或脆嫩的口感而减少烹煮时间。烹调时，要使所有四季豆均匀受热。

（16）鲜黄花菜不要随便吃，小心中毒。

黄花菜是一种常见的蔬菜，品相好看，口感鲜脆。但是我们吃黄花菜的时候不能一味贪图新鲜和脆爽，因为食用新鲜黄花菜可能引起食物中毒。

新鲜黄花菜的花蕊中含有秋水仙碱，人食用后秋水仙碱在体内会氧化生成有毒的二秋水仙碱，这种物质对胃肠道有强烈的刺激性，会导致呕吐、腹泻等症状，并侵害中枢神经和心脑血管系统，从而导致神经麻木和内脏器官出血。食用鲜黄花菜后若出现口渴、恶心、呕吐等急性中毒症状，应立即催吐，并送往医院救治。

干黄花菜是由鲜黄花菜经过蒸、煮、晒干制成，在加工过程中，秋水仙碱已被破坏，一般不会引起中毒，可放心食用。

谨慎起见，建议消费者最好食用干黄花菜。

真菌性食源性疾病：食用毒蘑菇或被产毒真菌及其毒素污染的食物而引起的急性疾病，其发病率较高，死亡率因菌种及其毒素种类而异。

（17）类型众多的有毒蘑菇：

蘑菇在自然界分布很广，种类很多，约有上千种，有的五颜六色煞是好看，但是有些蘑菇是有毒的，这种有毒蘑菇含有一种或多种毒素，吃后就会中毒。毒蘑菇和我们常吃的蘑菇外观上无法区分，因此常常因误食中毒。城市居民则多因食用混杂有毒蘑菇的干蘑菇而发生中毒。

毒蘑菇毒性成分复杂，中毒的类型有很多种，有拉肚子、恶心、呕吐的胃肠类型，有精神错乱出现幻觉的神经精神型，也有出现贫血的溶血型，见光就发生皮炎的光过敏皮炎型，还有更加厉害的肝肾损害型和呼吸与循环衰竭型。毒蘑菇中毒后，病情凶险，病死率高，目前没有特效解毒药品。治疗主要以催吐、洗胃、导泻以减少身体对毒素的吸收和对症治疗为主。

毒蘑菇中毒全年均可发生，以夏秋季节为主，我国云南、贵州等地高发，其他地域也有报告。夏秋季气温高，雨水多，野生蘑菇处于生长旺盛期，为预防食用野生毒蘑菇中毒，特进行以下风险警示：①对消费者来讲：鉴别野生蘑菇是否有毒是困难的，需要专业机构和人员进行。目前没有简单易行的鉴别方法，民间流传着一些识别方法如“色彩鲜艳的蘑菇有毒，不可食用；色彩不鲜艳的蘑菇无毒”等经证明并不可靠，预防毒蘑菇中毒的根本办法就是不要采食野生蘑菇。②对食品生产经营者来讲：生产、加工蘑菇时，要确保可食蘑菇不会混入有毒品种。

预防毒蘑菇中毒，不采食野生蘑菇！

(18) 霉变甘蔗也会引起中毒：霉变甘蔗中毒是指食用了因贮存不当而霉变的甘蔗引起的食物中毒，主要致病因子是节菱孢霉菌产生的有毒代谢产物——3-硝基丙酸。中毒病例多见于儿童，由于儿童抵抗力较弱，所以发霉甘蔗中毒导致的死亡率往往比较高。而且，由于其中毒的症状与春季常见的一些中毒性脑病相似，所以很容易被误诊，家长务必注意这期间尽量不要给孩子买甘蔗吃。民间素有“清明蔗，赛毒蛇”的古谚，虽然听起来有点吓人，但也反映了发霉甘蔗的危险。

发霉甘蔗导致中毒的案例多发生于我国北方地区的初春季节。甘蔗产于广东、广西、福建等省，于11月份甘蔗收割季节运至北方，置于地窖、仓库或庭院堆放过冬，次年春季气温转暖，堆放的甘蔗往往易发热霉变，故中毒多发生于2~3月间。储存时间越久的甘蔗，发霉的风险也就越高。引起甘蔗霉变的节菱孢霉菌，广泛分布在世界各地，该菌可产生一种叫3-硝基丙酸的神经毒素，进入人体后迅速被吸收。吃得少的话，症状轻，表现为一时性胃肠道功能紊乱(恶心、呕吐、腹痛等，无腹泻)，并可出现神经系统症状(头痛、头晕、眼前发黑、复视、眼球垂直或水平震颤)。重度中毒患者在上述症状出现后，很快出现抽搐、昏迷。抽搐表现为阵发性痉挛性，每次发作1~2分钟，每天可多次发作，一般在5~10天后开始恢复。对于误食发霉甘蔗引起的食物中毒，目前没有特殊的治疗方法。一旦发现中毒，应立即催吐，然后送医院进行洗胃、导泻等治疗。预防霉变甘蔗中毒最好的方法就是远离霉变甘蔗，不买、不吃霉变甘蔗。

化学性食源性疾病：指误食有毒化学物质或食入被其污染的食物而引起的中毒，发病率和病死率均比较高。

(19) 亚硝酸盐中毒：亚硝酸盐最常见的是亚硝酸钠和亚硝酸钾，为白色结晶或粉末。因其色白、味咸，常容易被误作为食盐或碱面用于加工食物而引起中毒。亚硝酸盐中毒原因主要是误将亚硝酸盐当作食盐或味精加入食物中，或食用过量的亚硝酸盐加工食物，或食用了刚腌制不久的腌制菜。

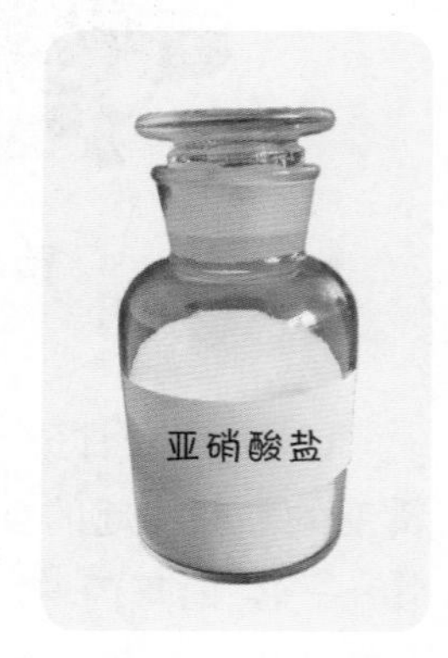

一般在食用后1~3小时内发病，主要表现为口唇、舌尖、指尖青紫等缺氧症状，自觉症状有胸闷、头晕、乏力、心跳加快、呼吸急促，严重者会出现恶心、呕吐、心率变慢、烦躁、血压降低、肺水肿、休克、惊厥或抽搐、昏迷、大小便失禁，最严重的可因呼吸衰竭而导致死亡。病情轻的，多休息、大量饮水后一般可自行恢复。中毒严重的，应及时送医院，洗胃、导泻并灌肠，进行1%亚甲蓝静脉滴注等。

预防方法主要有：餐饮业不违规使用亚硝酸盐；家庭自制肴肉、腌腊肉，应尽量不用亚硝酸盐，确需使用应严格按比例使用亚硝酸盐，避免超剂量使用亚硝酸盐，并应与肉制品充分混匀；亚硝酸盐要做明显标识，加锁专柜存放；不使

用来历不明的"盐"或"味精";尽量少使(食)用酱腌菜。

(20) 有机磷农药中毒:有机磷农药是一类杀虫效力大、对植物药害小的农药,但其中大部分对人、畜有毒,因此农药中毒常有发生。中毒原因有:误食拌过有机磷农药的粮种,或误食被有机磷农药污染的粮食;误食被有机磷农药毒死的畜禽及水产类;食用喷过有机磷农药不久的蔬菜、瓜果;用盛过有机磷农药的容器装食品,以致食品被污染,误食后而引起中毒。中毒主要症状有头昏、头痛、乏力、恶心、呕吐、流口水、多汗及瞳孔缩小等,重症患者可出现抽搐、呼吸困难、昏迷等。有机磷农药中毒后,现场应马上实施反复催吐,减少对毒物的吸收,然后送医院进行洗胃、灌肠、血液净化等治疗。预防有机磷中毒的关键是建立健全农药销售、运输及保管制度,加强安全宣传教育,让群众保管好有机磷农药,避免误服。

(21) 砒霜中毒(砷中毒):砒霜又叫三氧化二砷,食用后可引起严重的中毒。这类化学物质中还有二硫化砷(雄黄)、三硫化二砷(雌黄)及砷化氢等也能引起中毒。这些毒物因为无臭、无味,外观与白糖、食盐或碱面相似,混入食物或饮水中不易被发觉。中毒原因常见有误食拌过砒霜的粮种,或误食被砒霜污染的粮食;误将砒霜当小苏打、面粉、碱面或白糖掺入食物中,食后引起中毒;误食被砒霜毒死的畜禽和水产类;用盛过砒霜的用具盛放粮食和蔬菜,以致食品被污染,误食后而中毒。另外,若长期饮用含砷过高的水,可引起地方性砷中毒。急性砷中毒多为误服或自杀,临床表现为食管烧灼感,口内有金属异味,恶心、呕吐、腹痛、腹泻、米泔样粪便(有时带血)、头痛、头昏、乏力、口周围麻木、全身酸痛,重症患者烦躁不安、谵妄、四肢肌肉痉挛,意识模糊甚至昏迷、呼吸中枢麻痹死亡。慢性砷中毒除神经衰弱症状外,突出表现为多种多样的皮肤损害和神经炎。治疗应及早催吐,然后送医院进行洗胃、灌肠、导泄等,用特效解毒药二巯基丙磺酸钠等进行解毒治疗。

7. 如何预防食源性疾病

预防食源性疾病的发生,要做到以下三个方面:

一是不采集、捡拾、购买、加工和食用来历不明的食物、死因不明的畜禽或水产品以及不认识的野生菌类、野菜和野果;不捕捞、不购买和不食用野生河豚;选购食品时应到信誉度好、具有食品生产/经营许可证的食品经营单位购买,要注意查看所购食品包装上的标识是否齐全,是否注明了品名、商标、生产

厂家、厂址、电话、食品生产许可证、生产日期、保质期等；要选择包装完好、无破损的产品；不要在无食品生产 / 经营许可证和无冰箱（或冰柜）等冷链条件的食品商场（店）或售货亭内购买凉菜、酱制品等需低温保存的食品，更不能贪图便宜购买不新鲜的、超过保质期限或感官性状异常的食品。

二是要选择卫生条件好、具有有效的《食品经营许可证》的餐饮单位就餐。要注意就餐环境是否卫生，服务员的工作服是否清洁，使用的餐具是否干净，注意分辨饭菜是否有异味或异物，尽量不吃或慎吃生食水产品，不吃超过保质期、腐败变质的食品。对餐具消毒没有保障，凉菜制作、贮存不符合卫生条件的夜市、饮食摊点，要谨慎消费。注意生熟分开，加工和盛放食品时，应避免生熟食品交叉污染，使用冰箱冷藏食品时，生熟食品应分层放置（熟上生下），且存放在容器中或用保鲜膜包好；食品要烧熟煮透，食品中心温度达 70℃以上，持续时间至少 1 分钟；凉菜或酱制品要现做现吃。隔餐、隔夜或冷藏的熟食品，即使感官性状没有明显改变，食用前也一定要充分加热；生吃瓜果蔬菜一定要洗净，注意养成餐前洗手、不暴饮暴食等良好的饮食习惯。

三是消费者外出购物或就餐时，要注意索要并保存购物票据，以备发现食品卫生问题时，作为消费的凭证；当发现所购食品可能存在卫生问题或在外就

餐时发生疑似食物中毒事件时，要立即停止食用可疑食品，要注意尽量保持食品的原状，并立即到市场监督管理部门投诉或举报。

8. 食源性疾病有哪些特点

某些食源性疾病有季节性特点，在一定季节内发病率升高。例如，细菌性食源性疾病一年四季均可发生，但以夏秋季发病率最高；毒蘑菇、鲜黄花菜中毒易发生在春夏生长季节，霉变甘蔗中毒主要发生在2~5月份。化学性食物中毒全年均可发生。

部分食源性疾病的发生有明显的地区性特点，如我国沿海省份多发生副溶血性弧菌食源性疾病，肉毒毒素中毒主要发生在新疆等地区，霉变甘蔗中毒多见于北方地区，绦虫病主要发生于有生食或半生食肉制品习俗的地区，农药污染食品引起的中毒多发生在农村地区等。但由于近年来物流业的发达和食品的快速配送，食源性疾病发病的地区性特点越来越不明显。

9. 发生食源性疾病后怎么办

一旦出现食源性疾病的症状，首先应立即停止食用可疑病因食物，马上拨打120向急救中心呼救，以便尽快治疗，越早去医院越有利于抢救。食源性疾病的治疗方法主要是清除毒物、对症治疗以及使用特异性解毒药物。

(1) 自我救护：立即停止食用可疑病因食品。及时催吐，可使用紧急催吐方法尽快排除毒物，如用手指刺激咽部帮助催吐。

(2) 保留样本：为查明发病原因和正确抢救患者，防止和控制食源性疾病的扩散，应注意保留导致食源性疾病的可疑食品以及患者吐泻物，保护好现场，并及时向当地市场监督管理部门和卫生行政部门报告并协助调查处理。

(3) 及时就医：尽快将患者送往就近医院诊治。早期催吐、洗胃、导泻、灌肠非常重要。若患者吐泻严重，并伴有脱水现象，应及时补充液体；胃肠炎患者应积极纠正脱水、酸中毒及电解质平衡紊乱，同时住院监测各项生理指标；有呼吸困难者，可予以氧气吸入；有心衰者，应用强心药物；有神经症状者应用阿托品、镇静剂等，对患者进行良好监护；一些特殊细菌污染引起的中毒，比如肉毒毒素食物中毒还需要使用抗肉毒血清等进行特殊治疗。

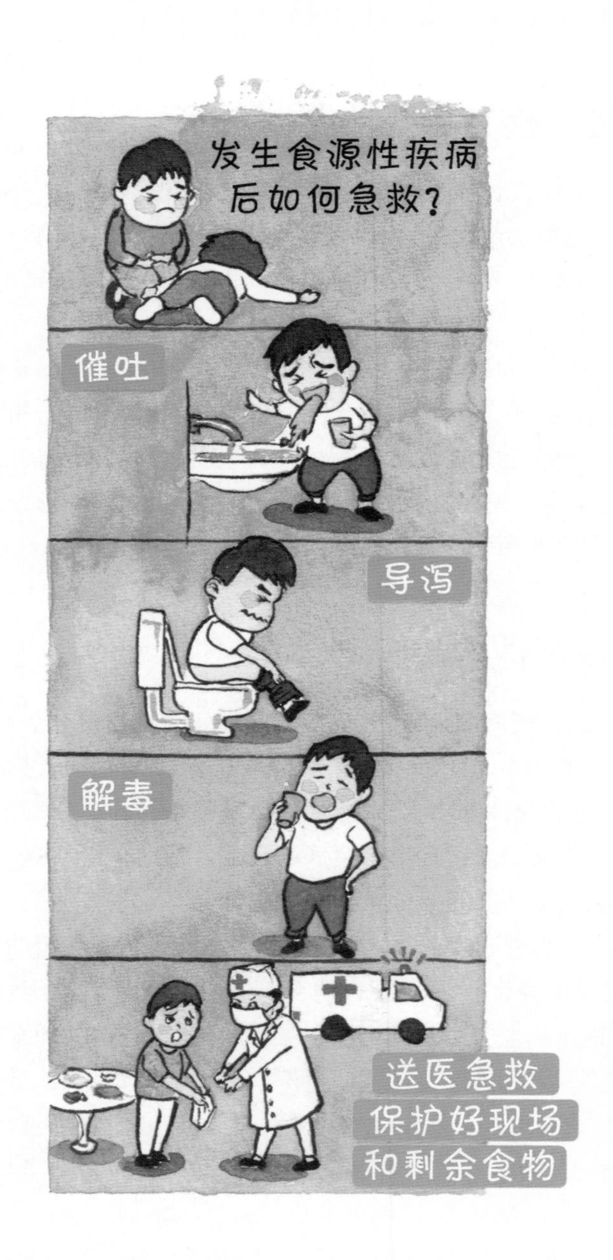
发生食源性疾病
后如何急救？
催吐
导泻
解毒
送医急救
保护好现场
和剩余食物

三、说说食品添加剂那些事

相信很多人都听说过色素、甜味剂、防腐剂等名词，但是具体到“五颜六色的食品是不是都添加了色素？常喝的饮料中具体使用了哪一种甜味剂？常吃的点心中添加了哪种防腐剂？‘奶精’三聚氰胺是食品添加剂吗？食品添加剂对身体是不是都有危害等”这些问题，不一定所有人都能回答上来。本部分从什么是食品添加剂以及为什么要用食品添加剂入手，着重介绍我们身边常见的食品添加剂、食品添加剂与非法添加物的区别、食品添加剂与人体健康的关系以及食品添加剂在日常使用中存在的问题，让大家对食品添加剂有一个比较全面的了解，方便大家在挑选食品以及日常饮食中根据自身需求合理安排膳食。

10. 什么是食品添加剂

我国对食品添加剂的定义是“为改善食品品质和色、香、味，以及为防腐、保鲜和加工工艺的需要而加入食品中的人工合成或者天然物质。食品用香料、胶基糖果中基础剂物质、食品工业用加工助剂也包括在内”。食品添加剂是人们有意识地添加到食品中的物质，一般不单独作为食品来食用。

人类很早就开始使用食品添加剂，明矾、红曲等都是有上千年使用历史的食品添加剂；其他如制作豆腐时使用的卤水（凝固剂）、蒸馒头时加入的碱面（酸度调节剂），以及烤面包时加入的小苏打（膨松剂），都是常见的食品添加剂。

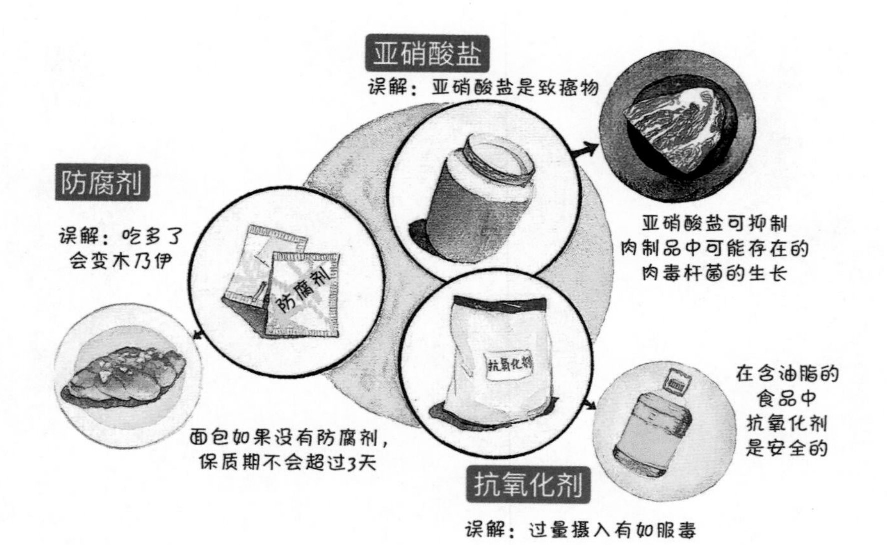

世界各国对食品添加剂的认定都是非常严格的，需要经过一系列的安全性、使用必要性、使用范围、使用量、质量规格标准等项内容的科学评估后，再由政府（或政府授权部门）以法律法规、标准等形式发布。我国的食品添加剂许可使用是经国家卫生健康委员会在国家食品添加剂专业委员会对每一个品种严格审评的基础上以国家标准的形式发布使用的。只要严格遵守食品添加剂的使用标准，就可以保障安全。凡是使用不符合质量规格标准，超越标准规定范围和使用量的食品添加剂均是违法行为，也会给消费者健康带来风险。

在我国，食品添加剂使用标准所列名单之外的物质均不属于食品添加剂，如将其作为食品添加剂使用，属于违法行为。

11. 常见食品添加剂有哪些

食品添加剂按来源不同可分为人工合成食品添加剂和天然食品添加剂两类。人工合成食品添加剂是指通过化学反应合成得到的物质；天然食品添加剂是指利用动植物或微生物的代谢产物为原料，经人工提取后获得的物质。食品添加剂按功能则可分为很多种类别，我国目前批准使用的有23类，共2 400多种，与发达国家相比，无论是类别还是品种均相对较少。公众比较熟悉的主要有防腐剂、甜味剂、着色剂、护色剂、抗氧化剂、增稠剂和食品用香料等。比如苯甲酸钠、山梨酸钾都是常用的防腐剂，木糖醇和阿斯巴甜是常用的甜味剂。其他食品添加剂类别还包括膨松剂、消泡剂、乳化剂、面粉处理剂、水分保持剂、凝固剂、食品工业用加工助剂和食品营养强化剂等。各种维生素和矿物质元素实际上也常作为营养强化剂用于食品中，例如各种功能饮料中的维生素C、维生素B_2、维生素E、牛磺酸等。

12. 为什么要用食品添加剂

随着社会的不断发展和现代食品工业的迅速进步，人们的食品消费模式也发生了巨大的改变，人们已经可以足不出户便能品尝世界各地美食。食品添加剂在食品中扮演着越来越重要的角色，已经成为食品工业中不可或缺的重要组成部分，极大地推动了食品工业的科技创新和技术进步，各种色香味俱佳的新型食品不断被研发出来。食品添加剂在改善食品质量、食品的保质保鲜、食品加工流程的顺利进行以及新产品研发等诸多方面都发挥着极为重要

的积极作用。可以说没有食品添加剂，就没有现代食品工业，也就没有可供消费者选择的琳琅满目的食品品种。

食品添加剂能改善和提高食品色、香、味等感官性状，增加食品的品种，满足不同人群的需求。食品在加工过程中经过研磨、分解、加热、加压等作用后，容易褪色、变色，散失其固有的香味。适当地使用着色剂、护色剂、甜味剂、膨松剂、食用香精香料、增稠剂、乳化剂等，可明显改善食品的感官质量，满足不同人群对食品口味、软硬性状的不同需求。在食品中适量地加入一些营养物质，可大大提高和改善食品的营养价值，对于防止营养不良，保持营养均衡，提高人们的健康水平具有重要意义。例如，糖尿病患者不能吃含糖食品，则可使用三氯蔗糖取代蔗糖或使用山梨糖醇、木糖醇等制成无糖食品。对于缺碘地区可供给碘强化食盐，来防止当地居民患缺碘性甲状腺肿。为了满足婴幼儿生长发育所必需的各种营养物质，婴幼儿配方奶粉普遍添加有各种矿物质、氨基酸、维生素等。

食品添加剂可以保持和增强食品的营养价值，有利于食品储存和运输，延长食品的保质期，各种食品加工助剂极大方便了食品加工、包装等工艺流程的顺利进行。生鲜食品和高蛋白质食品如不采取防腐保鲜措施，出厂后将很快腐败变质。为了延长食品的保质期，保证食品在保质期内的质量和品质，必须使用防腐剂、抗氧化剂和保鲜剂等。常用的防腐剂有苯甲酸、山梨酸等。苯甲酸又名安息香酸，由于其在水中溶解度低，故多使用其钠盐。苯甲酸钠一般被使用在碳酸饮料、酱油、酱类、蜜饯和果蔬饮料中，也常用于高酸性水果、果酱、饮料糖浆以及其他酸性食品中。山梨酸和山梨酸钾是目前国际上应用最广的防腐剂，具有较高的抗菌性能，对真菌、酵母菌和许多需氧菌都有抑制作用，广泛应用于干酪等各种乳酪制品、面包点心制品、饮料、果汁、果酱、酱菜和鱼制品等食品的防腐。山梨酸可参与机体的正常代谢过程，并产生二氧化碳和水，故可以认为规范使用对人体是无害的。

13. 为什么要正确认识食品添加剂

近年来，我国许多地区曝出了一些引起社会广泛关注的食品安全事件，如“苏丹红”鸭蛋、“三聚氰胺”奶粉等，这些食品安全事件的暴发与传播不仅导致人们对我国的食品安全现状充满了担忧，甚至出现了抵制食品添加剂、抵制任何与化学相关的食品的极端现象。这在很大程度上是由于部分民众混淆了

食品中非法添加物和食品添加剂的概念，也缺乏对化学合成这一概念的科学认知。前面提到的这些广泛传播的食品安全事件都是由于不法商家在食品中非法添加了其他有害物质造成的。

食品非法添加物是指除食品主辅原料、食品添加剂以外的其他添加到食品中的任意物质。这些非法添加物很多是属于工业用的化工产品，比如塑化剂、苏丹红、三聚氰胺等，这些都不属于食品添加剂，而是食品中的非法添加物。在食品中使用这些物质，无论用量多少，都属于违法行为。

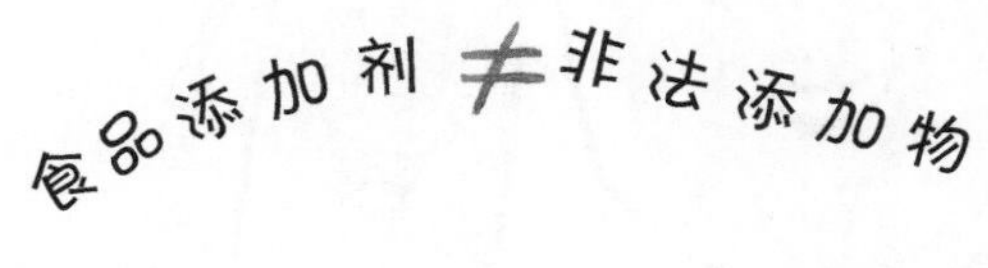

违禁使用非法添加物是指将严禁在食品中使用的化工原料或药物当作食品添加剂来使用。众所周知的三聚氰胺“毒奶粉”事件是将非法添加物当作食品添加剂使用的典型案例。辣椒酱及其制品和红心鸭蛋等食品中发现苏丹红，工业用火碱、过氧化氢和甲醛处理水发食品，吊白块用于面粉漂白，荧光增白剂用于面条和粉丝增白，农药多菌灵等溶液浸泡果品用以防腐，甲醛用于水产品防腐等都是在食品中违禁使用非法添加物的现象。

我国政府从来就没有许可苏丹红、三聚氰胺、吊白块作为食品添加剂，它们在食品中都属于非法添加物。由于我国对食品添加剂的宣传不够全面以及大众的科学素养还有待提高，导致民众将“食品添加剂”和“非法添加物”两者的概念混为一谈。对食品添加剂的不了解，造成了大家因“剂”废食，谈“剂”色变，错误地认为食品添加剂不应该应用在食品中，甚至片面地认为只有纯天然的食物才是最好的。所以，正确认识食品添加剂，严厉打击食品非法添加行为，对于维护食品安全至关重要。

14. 食品添加剂对人体健康有害吗

对食品添加剂和人体健康关系的正确认识非常重要。国家批准使用的每种食品添加剂都是经过科学严格的评审论证的，在规定范围内使用对人体健康不会有什么危害。

但食品添加剂并不是可以任意食用的，对人体健康存在一个剂量与效应关系的问题，某些添加剂在达到一定浓度或剂量水平就有可能显现毒副作用。如使用不当，或添加剂本身混入一些有害成分，就有可能产生毒性，对人体健康带来一定的危害。食品添加剂的毒性是指其对机体造成损害的能力。毒性除了与物质本身的化学结构和理化性质有关外，还与其浓度、作用时间、接触途径和部位、物质的相互作用与机体的功能状态等条件有关。

虽说过量食品添加剂对于人体健康可能会有一定的危害，但这些都是因为对食品添加剂使用不合理或者不法商贩滥用引起的。实际上，合理适量地使用食品添加剂是必要的，例如防腐剂除了能防止食物腐败变质，还可以杀死某些有害微生物，这无疑是有益于人体健康的。所以我们应当理性看待食品添加剂和人体健康的关系，打击食品添加剂滥用和过量使用行为，切不可因噎废食。

15. 食品添加剂使用中存在哪些问题

食品添加剂的应用极大地推动了食品工业的发展，但目前我国也存在一些超范围、超限量使用食品添加剂的问题。这些问题不仅危害消费者的健康，侵害消费者的权益，同时也损害了我国食品添加剂行业的声誉，影响食品工业的健康发展。存在的问题包括以下几个方面：

一是食品添加剂超范围使用。超范围使用食品添加剂是指超出标准所规定的某种食品中可以使用的食品添加剂的种类和范围。超范围使用的品种主要是合成色素、防腐剂和甜味剂等。例如，柠檬黄是一种允许在膨化食品、冰激凌、果汁饮料等食品中使用的食品添加剂，但不允许在馒头中使用。2011年，中央电视台曾曝光上海多家超市销售的玉米面馒头中没有加玉米面，而是由白面经柠檬黄染色制成的，这是一例典型的超范围使用食品添加剂的违法事件。再比如粉丝中加入亮蓝、日落黄、柠檬黄和胭脂红等人工合成色素，以不同的比例调配出假冒的红薯粉条和绿豆粉丝，都属于超范围使用食品添加剂。

二是食品添加剂超限量使用。食品添加剂的使用安全是建立在合理的使用量的基础上，我国对每一种食品添加剂都规定有最大允许使用量，食品添加剂不能超过最大允许使用量，超过了使用量范围就可能会对人体健康造成危害。使用食品添加剂时要根据用量多少精确计量，但在一部分企业里，由于主观或客观的因素，往往超量使用食品添加剂。此外，多环节使用食品添加剂也会导致最终产品中食品添加剂严重超标。超限量使用食品添加剂的现象目前在我国时常被发现，从历年国家公布的监督抽查结果中，暴露问题最突出的是面粉处理剂、防腐剂和甜味剂。酱腌菜生产历史悠久，品种繁多，近年来产品逐渐趋向低盐化。酱腌菜是常温保存的产品，盐分含量的降低可使产品保存周期缩短。为此，部分生产企业通过加大防腐剂的使用量来抑制产品中微生物的生长，延长保存期，如使用不当，即可造成产品中苯甲酸钠等防腐剂的超标。

三是食品添加剂标识不规范。一些企业在食品添加剂和食品实际生产经营过程中无视法律法规的要求，不正确或不真实地标识食品添加剂，特别是使用防腐剂、合成色素、甜味剂等品种时，故意在食品标签上不标注，隐瞒使用食品添加剂，也侵犯了消费者的知情权。

16. 如何科学合理使用食品添加剂

《食品安全国家标准 食品添加剂使用标准》(GB 2760)明确规定了各类食品添加剂的使用范围和使用量,食品添加剂使用时应遵循安全性和必要性这两个原则。

安全性原则是指食品添加剂的使用不应对人体产生任何健康危害,这是食品安全中最重要的问题,同时也是食品添加剂的使用中最基本的原则。我国目前对于食品添加剂的使用都是建立在反复的实验评估基础上的,对于不符合食品安全的食品添加剂,是坚决不允许使用的,确保食品添加剂的使用不对人体产生任何健康危害。同时食品添加剂的使用不应掩盖食品腐败变质。防腐剂是一类重要的食品添加剂,适当的使用能够有效延长食品的保存期,但使用量是受到严格限制的。如果大量使用食品添加剂来掩盖食品的腐败变质就违反了安全性原则,属于违法行为。

必要性原则是指在食品生产过程中,一定要考虑工艺的必需,如果不用则可使该种产品的加工无法完成或质量无法得到较好的保证。食品添加剂的使用并不是没有限制的,本着简化食品生产流程的角度,食品添加剂的使用应尽可能地简化,简单地说就是在食品添加剂的使用过程中应秉着"能不用就不用、能少用就少用"的原则,即在食品生产过程中尽量只添加最少量的食品添加剂,从而达到最终的提高食品质量的目的。为了达到这一效果,在如今的食品添加剂种类中,出现了越来越多的复合型食品添加剂,即将多种食品添加剂复合调配在一起,然后再投入食品生产过程中,同样可以达到最少使用食品添加剂的目的。在这一原则中,常提到的一个概念是"最大允许使用量",这一概念是指在使用食品添加剂的过程中,有一个最大使用限量,在这个限量内使用食品添加剂都是被允许的。生产者在使用食品添加剂过程中,应尽可能低于"最大允许使用量",这样不仅降低了食品添加剂可能造成食品安全问题的风险,同时也实现了经济利益的最大化。

17. "纯天然""无添加"食品一定是优质食品吗

有一些企业为迎合消费者的心理,竞相在广告或标签的醒目位置印上"纯天然产品""无任何化学成分""本产品绝不含任何食品添加剂"之类的文字,以标榜自己的产品安全无害,同时也给消费者发出了"食品添加剂不安全"的

错误信号。但是纯天然真的那么好吗？无添加就等于健康吗？

其实与人工养殖、培育、加工后的食物相比，纯天然食品的营养成分并不会更丰富。比如“土鸡蛋”的营养成分已经被证明和普通鸡蛋没有明显区别。对于婴幼儿食品，“天然”的鲜奶营养成分并不如正常的婴幼儿配方奶粉，配方奶粉用不饱和脂肪酸代替了饱和脂肪酸，蛋白质结构也更加科学，更利于吸收。

除了营养并不占优之外，手工制作的所谓“纯天然食品”还可能含有较多的有毒有害物质。例如土蜂蜜，由于缺乏科学的加工工艺，土蜂蜜中往往存在超量的药物残留甚至其他杂质污染。而土法压榨花生油虽然闻起来特别香，但由于精炼环节少，产品中黄曲霉毒素超标的可能性也非常高。

对于一些号称“无添加”的食品，有时可能只是商家故弄玄虚，以“无添加”误导和欺骗消费者，反而侵犯了消费者的知情权和选择权等合法权益，这些问题不仅使食品添加剂成为媒体抨击的内容和关注的焦点，也加深了消费者对食品添加剂的疑惑。即使有些食品可能确实如宣传的那样没有添加任何食品添加剂，但是它们反而更容易出现腐败变质等问题。尤其一些主要通过网络销售的纯手工食品，更容易在运输过程中出现质量问题，也就是说没有食品添加剂反而增加了食品安全风险，效果适得其反。

四、正确识别食品标签

相信很多人都喜欢逛超市。一进超市，面对货架上那些琳琅满目的各类食品，每一种食品都有不同商家、不同规格的多种选择，是不是有一种无从下手的感觉？眼睛都挑花了？那么问题来了，面对种类繁多的各种食品，我们应该如何选择？

在把一个食物放进购物篮之前，作为一个资深吃货，怎能不先看看它的食品标签再作出决定呢？

什么？你还不知道什么是食品标签？那今天我们就来聊聊食品标签那些事儿吧。

19. 什么是食品标签与食品营养标签

食品标签，通俗点讲，就是指食品包装上的文字、图形、符号及一切说明物，包括强制标示的内容（如食品名称、配料表、净含量和规格、生产者和/或经销者的名称、地址和联系方式、生产日期、保质期、储存条件、食品生产许可证编号、产品标准代号等），还有推荐标示的内容（如食用方法、致敏物质等）。

除了食品标签外，我们可能还经常听到食品营养标签。食品营养标签是预包装食品标签上向消费者提供营养信息和特性的说明。也就是说，食品营养标签属于食品标签上的一部分内容。

食品营养标签主要包括表格形式的“营养成分表”以及在此基础上用来解释营养成分水平高低和健康作用的“营养声称”“营养成分功能声称”。

为了指导和规范我国预包装食品标签标示，引导消费者合理选择预包装食品，促进公众膳食营养平衡和身体健康，保护消费者知情权、选择权和监督权，原卫生部在参考国际食品法典委员会(Codex Alimentarius Commission，CAC)和国内外管理经验的基础上，组织制定、实施了《食品安全国家标准预包装食品标签通则》(GB 7718)和《食品安全国家标准预包装食品营养标签通则》(GB 28050)。

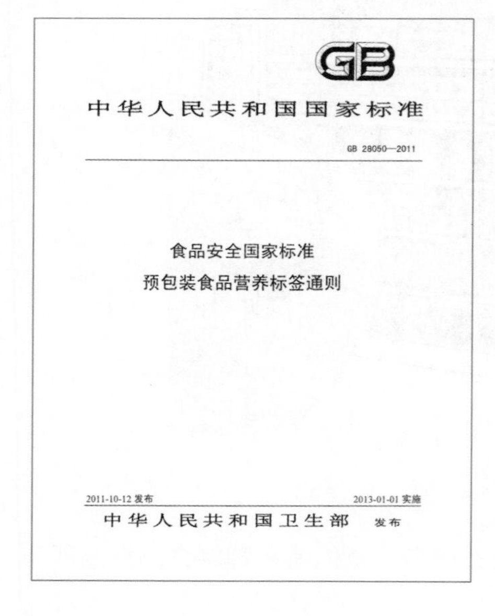

GB

中华人民共和国国家标准

GB 28050—2011

食品安全国家标准

预包装食品营养标签通则

2011-10-12 发布 2013-01-01 实施

中华人民共和国卫生部 发布

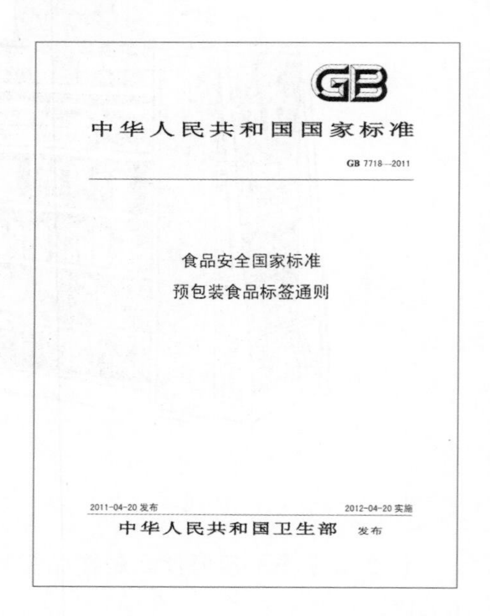

GB

中华人民共和国国家标准

GB 7718—2011

食品安全国家标准

预包装食品标签通则

2011-04-20 发布 2012-04-20 实施

中华人民共和国卫生部 发布

实施《食品安全国家标准预包装食品营养标签通则》，要求预包装食品必须标示营养标签内容，一是有利于宣传普及食品营养知识，指导公众科学选择膳食；二是有利于促进消费者合理平衡膳食和身体健康；三是有利于规范企业正确标示营养标签，科学宣传有关营养知识，促进食品产业健康发展。

19. 哪些食品应当标示食品标签

直接提供给消费者和非直接提供给消费者的预包装食品应当标示食品标签。如：消费者在商场、超市购买的预包装食品应当有食品标签，而散装食品、现制现售食品则不强制要求按照食品标签标示。

20. 哪些食品可以不标示营养标签

虽然前面提到目前我国营养标签是强制实施的，但同时它也规定了一些情况下可以不标示营养标签，具体有以下几个方面：

(1) 生鲜食品：如包装的生肉、生鱼、生蔬菜和水果、禽蛋等。

(2) 乙醇含量≥0.5% 的饮料酒类：如白酒等。

(3) 包装小，不能满足营养标签内容的：如包装总表面积≤100 平方厘米或最大表面积≤20 平方厘米的预包装食品。

(4) 现制现售的食品：是指现场制作、销售并可即时食用的食品。如在面包房、面包制作点现场制作、现场销售的食品可以不标示营养标签。

(5) 包装的饮用水。

(6) 每日食用量≤10 克或 10 毫升的预包装食品。如味精、花椒、大料、桂皮等每日摄入量 <10 克的调味品，可以不标示营养标签。但是，对于单项营养素含量较高、对营养素日摄入量影响较大的食品，如腐乳类、酱腌菜（咸菜）、酱油、各种酱类（黄酱、肉酱、辣酱、豆瓣酱等）以及复合调味料等，应当标示营养标签。

(7) 其他法律法规标准规定可以不标示营养标签的预包装食品。

21. 怎么看营养成分表

营养成分表是食品营养标签中非常重要的一部分，它是由 3 个内容组成的表格，分别为营养成分名称、含量值、占营养素参考值（nutrient reference values，NRV）百分比（简称 NRV%）。在看营养成分表时一定要注意营养成分含量值是按照每 100 克（毫升）食物给出的，还是按每份食物给出的；如果按每份食物的重量，有助于更准确地了解食物营养信息。下面就是一种食物的营养成分表。

营养成分表一般包括 5 个基本要素：表头、营养成分名称、含量、NRV% 和方框。

营养成分表nutrition information

项目/Items	每100毫升/per 100mL	*NRV%
能量/energy	162kJ	2%
蛋白质/protein	0.6g	1%
脂肪/fat	0g	0%
碳水化合物/carbohydrate	8.9g	3%
钠/sodium	0mg	0%

* NRV：营养素参考值
果汁含量(Juice Content)：100%
配料：水、浓缩橙汁
Ingredients：Water,Orange Juice Concentrate

(1) 表头:以“营养成分表”作为表头。

(2) 营养成分名称:按标准的名称和顺序标示能量和营养成分。

(3) 含量:指含量数值及表达单位。

(4) NRV%:指能量或营养成分含量占相应 NRV 的百分比。

(5) 方框:采用表格或相应形式。

我国目前规定的营养成分表中的营养素是在充分考虑我国居民营养健康状况和慢性病发病状况的基础上,结合国际贸易需要与我国社会发展需求等多种因素而确定的,包括能量和蛋白质、脂肪、碳水化合物、钠四种,就是我们常说的“1+4”,即指营养成分表中至少应标出能量和 4 个核心营养素的含量及其占 NRV 百分比。

22. 什么是 NRV%

NRV 即营养素参考值是专用于食品营养标签上比较食品营养成分含量的参考标准,是消费者选择食品时的一种营养参照尺度。通常我们用每日能量摄入 2 000 千卡(8 400 千焦)的食物中应含各营养素的量作为标准值。某种食品包装上每 100 克的能量及各种营养素的量与标准值做比较,得出的百分比就是 NRV%。

这个词乍看上去有点复杂,其实很好理解。

通俗地讲,有了这个 NRV%,就可以知道这种食物提供的营养成分,占一天需要量的大致水平。

比如,一包 100 克的饼干的热量是 2 000 千焦,粗看这个数字,可能没什么概念,但看一下 NRV% 是 24%,就知道,吃一包这种饼干,就吃下去了一天所需热量的 24%。

再举个例子,某高钙饼干,每 100 克饼干含钙 270 毫克,钙的 NRV 是 800 毫克,所以该高钙饼干中钙的 NRV% 是 34%。也就是说每吃 100 克这种饼干就满足了每天钙推荐摄入量的 1/3。说明这种饼干的钙含量较高。

NRV% 是消费者选择食品时快速评估食品的能量及营养素的一种方法。NRV% 还可以用来比较同种类不同品牌的食物,通过查看 NRV%,应选择能量较低,蛋白质含量较高,脂肪、碳水化合物、钠越低越好的食物。一般而言,NRV%≤5% 为低;10%≤NRV%≤19% 为较高;NRV%≥20% 为很高。

23. 营养成分功能声称能随便说吗

营养成分功能声称是指食品上可以采用《食品安全国家标准预包装食品营养标签通则》中的规定用语来说明某种营养成分对维持人体正常生长、发育和正常生理功能等方面的功能作用。凡是进行功能声称的食品都应在营养成分表中列出相应的营养成分含量，并符合声称条件。任意删改《食品安全国家标准预包装食品营养标签通则》规定的声称用语或使用《食品安全国家标准预包装食品营养标签通则》规定以外的声称用语均被视为违反国家规定。

24. 如何通过食品标签合理选择食品

对于消费者来说，可以从以下几个方面来合理选择食品：

（1）看食品类别：食品名称必须是国家许可的规范名称，能反映出食品的本质。

假如，你看到一个产品的名称叫作“×× 果饮”，包装上有水果图案，这个产品是属于果汁还是属于饮料呢？如果它的产品类别栏写“果汁”，那即是说，除了水果榨的汁，完全没加水。如果它的产品类别栏写的是“果汁饮料”，那就是说，它是在大量水中加了少量的果汁，再添加糖和其他食品添加剂制成的饮料。

总之，只要消费者仔细看食品类别，不管名字起得如何吸引眼球，都能真正明白食物的真相。

（2）看配料表：按国家法规要求，产品中加入量最大的原料应当排在第一位，最少的原料排在最后一位。

还以前面那瓶“×× 果饮”为例，里面到底加了些什么呢？如果配料表第一

位写的是“纯净水”，第二位是“橙汁”，那这个产品中含量最多的就是水。饮料产品上通常会注明“原果汁含量≥10%”或者“牛奶含量≥30%”等字样，用来说明产品中天然原料所占的比例。

(3) 看产品重量、净含量或固形物含量：有些产品看起来可能便宜，但如果按照净含量来算，很可能比其他同类产品更贵。

例如，两种面包的价格可能都不错，体积也差不多。但一种产品净含量标注 140 克，另一种标注 180 克。实际上，前者可能只是外观更蓬松，但从营养价值的角度来说，后者更为划算。

(4) 看能量和营养素含量值：能量是人体维持生长发育和生命活动的基本要素，摄入适当的能量可促进和保持良好的健康状况。能量摄入要均衡，不宜多也不宜少。摄入过多能量会导致肥胖及其他相关慢性病；摄入过低能量也会引起消瘦或营养缺乏等疾病。通过了解每一种食品的能量值，可方便地计算出一天能量的总摄入量。

高蛋白食品：每 100 克食品中蛋白质含量≥12 克或每 100 毫升食品含有≥6 克蛋白质。

低脂肪食品：每 100 克食品中脂肪含量≤3 克或 100 毫升食品≤1.5 克。

不含脂肪食品：每 100 克或 100 毫升食品中脂肪含量≤0.5 克。

脱脂：液态奶和酸奶中脂肪含量≤0.5%；乳粉中脂肪含量≤1.5%。

低糖（碳水化合物）食品：每 100 克或 100 毫升的该食品含量≤5 克。

无糖（碳水化合物）食品：每 100 克或 100 毫升的该食品含量≤0.5 克。

低钠食品：每 100 克或 100 毫升的该食品含量≤120 毫克。

(5) 看食品添加剂：根据国家标准，食品中所使用的所有的食品添加剂都必须在配料表中注明。通常我们会在包装上看到“食品添加剂：”或“食品添加剂（ ）”的字样，“：”后或“（ ）”里的内容，就是各种食品添加剂了。

按法规要求，食品添加剂必须注明具体名称，而不能简单地用“甜味剂”“色素”等这些模糊的名称。消费者可以从配料表的“食品添加剂”后面看到一些可能看不懂的名词，诸如“胭脂红”“柠檬黄”之类和颜色有关的是色素，“甜蜜素”“安赛蜜”等和甜味有关的是甜味剂，等等。

我国发布的《食品安全国家标准 食品添加剂使用标准》(GB 2760)中，对哪些食品添加剂可以用，能用在什么食品中，最大添加量是多少，都有明确规定。按照标准使用食品添加剂，对人体健康是不会产生危害的，消费者不必因为食品中含有添加剂而感到不安。

(6) 看生产日期、保质期和贮存条件：保质期是指可以保证产品出厂时具备的应有品质，在该期限内，产品适于销售，并保持标签中的特有品质。过期食品品质有所下降，但可能仍然能够安全食用；保存期或最后食用期限则表示过了这个日期便不能保障食用该食品的安全性。

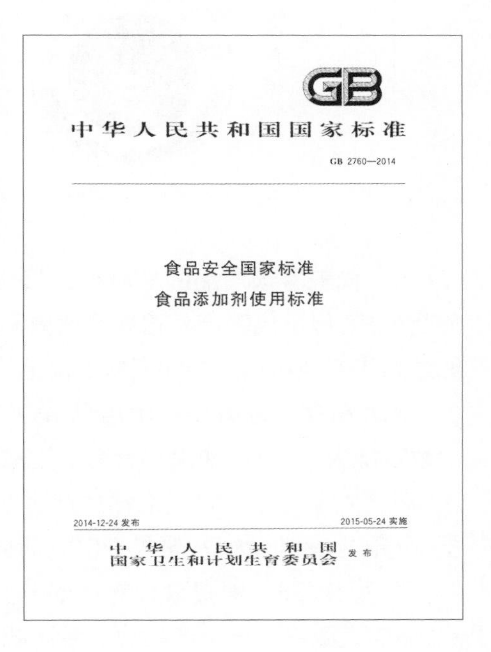
GB
中华人民共和国国家标准
GB 2760—2014
食品安全国家标准
食品添加剂使用标准
2014-12-24 发布 2015-05-24 实施
中华人民共和国
国家卫生和计划生育委员会 发布

在保质期内，应当尽可能选择距离生产日期近的产品。虽然没有过期意味着食物具有安全性和正常口感，但随着时间的延长，其中的营养成分会有不同程度的改变。例如，某酸奶保质期是21天，但即便处于冷藏条件下，其中的乳酸菌活菌数也会随着时间的延长而逐渐降低。所以，为了获得食品中的健康益处，最好能够选择距生产日期最近的产品。

食品标签上还会注明该食品的贮存条件，如“-18℃冷冻”“0~6℃冷藏”“储存于阴凉、避光、干燥处”等。比如一袋酸奶，标明在2~6℃下能贮存21天，我们却将其存放在室温下，结果可能15天之内就变质了。所以，一定要注意食品的贮存条件。

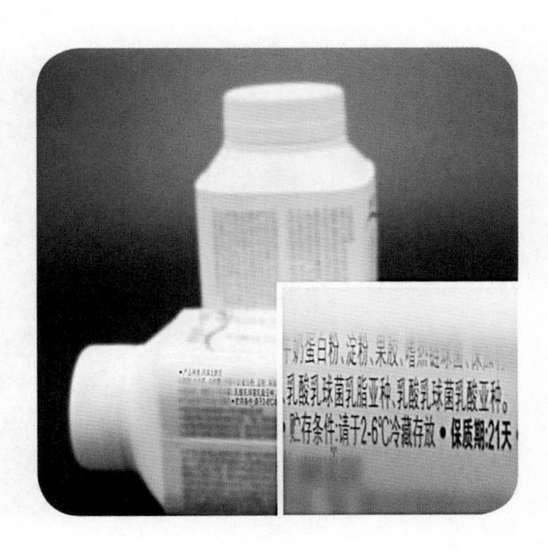

(7) 看认证标志和产地信息：很多食品的包装上标有各种认证标志，比如有机食品标志、绿色食品标志、无公害食品标志、原产地标志等。

有机食品、绿色食品和无公害食

品标志，代表着该产品的品质符合相关标准，在农药、兽药残留方面的控制可能更严格，但不代表产品营养价值更高。原产地标志代表该产品出自某产地，能达到该产地所出产的知名农产品的应有品质。

(8) 看食物过敏原标示信息：食物过敏原属于非强制标注信息。但对于少数过敏人群来说，如果误食含有过敏成分的食品，可能会引起严重的过敏反应，甚至危及生命。我国推荐生产企业标示可能引起过敏反应的物质，如：鸡蛋、甲壳类、鱼类、大豆、坚果、花生、面筋蛋白(麸质)、乳制品等。

购买食品时，消费者如果能够认真看这些相关信息，就能够避免买错产品，还能大致判断一个产品的品质高低，把主动权掌握在自己手中。

以下配料添加量不低于相应百分比:
小麦粉45.0%，全燕麦片13.5%，
全麦粉3.3%，全荞麦颗粒1.8%，
全大麦粉0.4%，全黑麦粉0.4%，
乳粉2.8%。
每100克本产品中慢消化淀粉的含量不低于20克。

过敏原信息：含有小麦、燕麦、荞麦、大麦、黑麦、大豆和乳制品。

此生产线也加工含有蛋制品、花生、坚果和芝麻制品的产品。

贮存条件：存放于阴凉干燥处，避免

25. 进口的预包装食品标签怎么看

进口的预包装食品应当有中文标签和中文说明书。标签、说明书应当符合《中华人民共和国食品安全法》以及我国其他有关法律、法规、标准的规定和要求，注明食品的原产地以及境内代理商的名称、地址和联系方式。没有中文标签、中文说明书或者标签、说明书不符合规定的预包装食品不得进口。

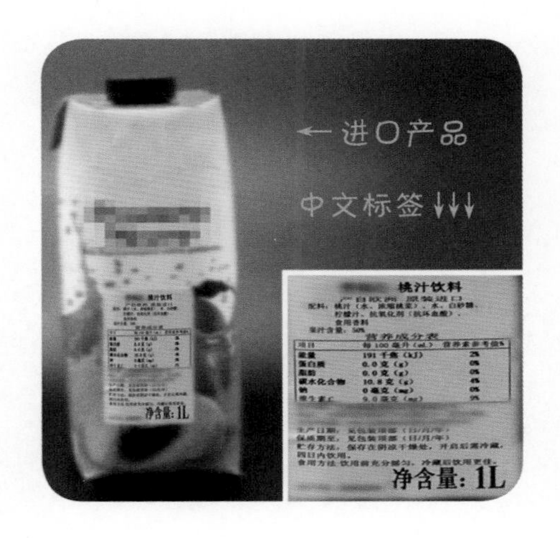

26. 低钠食品也是低盐食品吗

如果某食品标签上钠的含量达到每100克或100毫升的该食品含量≤120毫克，就可以声称“低钠”，同时也可以声称“低盐”。

中国营养学会提倡居民降低每日的盐摄入量，每日需要控制盐摄入量在6克以下。

27. 营养成分表中反式脂肪酸标为0，食品中就没有反式脂肪酸吗

由于反式脂肪酸对健康的负面影响，比如其是导致冠心病发病的一个重要原因之一，所以规定如果食物中使用了氢化植物油，就须标出反式脂肪酸含量。

可能有人就会问:很多蛋黄派、饼干的配料表中有起酥油、人造奶油,为什么营养成分表中“反式脂肪酸”一栏标为0呢?这难道是在弄虚作假吗?

其实,这里需要说明的是:0≠没有。《食品安全国家标准预包装食品营养标签通则》中规定,如果每100克食品中反式脂肪酸的含量不超过0.3克,那就可以标注为0,并不代表完全没有。

所以,我们不仅要看食物成分表,还要看食物的配料表。

五、食品安全是怎么监管的

为了保证食品质量安全、保障老百姓身体健康和生命安全，经过长期的立法建设，我国制定、实施了《中华人民共和国食品安全法》等一系列食品安全法律法规，经过多年的实践，不断修订，食品安全法规体系日渐完善。其中《中华人民共和国食品安全法》对食品安全生产经营、监督管理、标准、监测评估等方面做出了详细的规定，明确食品安全标准是唯一强制执行的食品标准，以保障公众身体健康和食品安全为宗旨，为保障生产流通各环节的安全发挥了重要作用，是食品安全控制管理的重要手段。

28. 我国食品安全相关的法律、法规有哪些

《中华人民共和国食品安全法》是我国为了保证食品安全、保障公众身体健康和生命安全而制定的重要法律。内容包含总则、食品安全风险监测和评估、食品安全标准、食品生产经营、食品检验、食品进出口、食品安全事故处置、监督管理、法律责任和附则共十章，可概括为“四个最严”：即最严谨的标准、最严格的监管、最严厉的处罚、最严肃的问责，体现了以重典治乱，加重了食品安全违法犯罪行为的行政、民事和刑事法律责任，故被称为“史上最严的食品安全法”。

除《中华人民共和国食品安全法》之外，主要还有《中华人民共和国农产品质量安全法》《中华人民共和国产品质量法》《中华人民共和国农业法》等多部法律，都从不同层面涉及食品安全行为与控制要求。但当这些法律的规定与《中华人民共和国食品安全法》不一致时，应当遵从《中华人民共和国食品安全法》的规定或全国人大常委会的解释。

与食品安全相关的其他法规包含了由国务院制定并修改的各类与食品安全有关的规范性法律文件，由各省、自治区、直辖市级人民代表大会及其常委会制定并修改的地方性食品安全法规，国务院各食品安全监管部、委、局制定的部门规章，以及省、市级地方的食品安全管理规章等，围绕食品安全形成了系列的法律、法规体系。

29. 什么是食品安全标准

食品安全标准是对食品中各种影响消费者健康的危害因素进行控制的技术法规。《中华人民共和国食品安全法》规定了食品安全标准的范围，并对其定性为“强制执行的标准”，且“除食品安全标准外，不得制定其他食品强制性标准”。世界各国都对食品中影响健康的危害因素进行强制性要求，但大部分国家以法规的形式颁布。

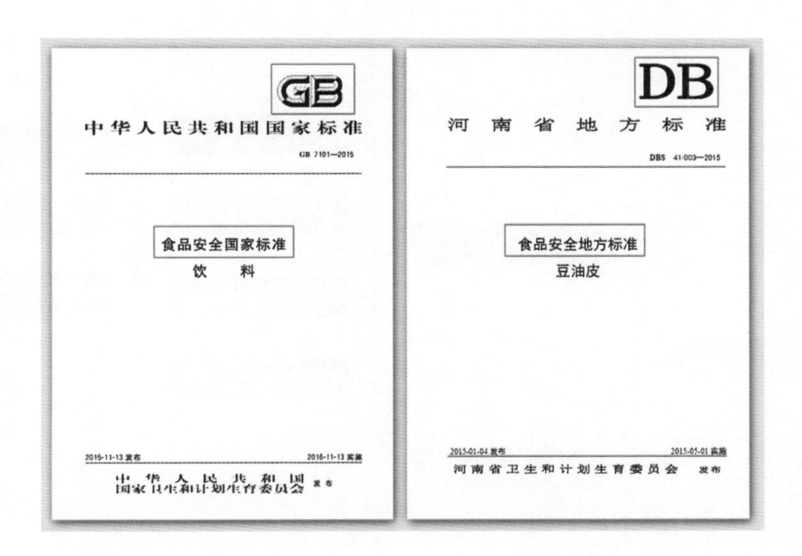

GB

中华人民共和国国家标准

GB 7101—2015

食品安全国家标准

饮　料

2015-11-13 发布　2016-11-13 实施

中华人民共和国
国家卫生和计划生育委员会　发布

DB

河南省地方标准

DBS 41/003—2015

食品安全地方标准

豆油皮

2015-01-04 发布　2015-05-01 实施

河南省卫生和计划生育委员会　发布

30. 如何理解“最严谨的标准”

首先，最严谨的标准不等于最严格的标准。消费者应尝试理解一个概念：标准的制定不是越严格就越好。标准作为一种高成本的风险管理措施，制定过程中不仅要确保消费者健康，还要考虑它的可执行性，及其对国家食品工业

发展与食品国际贸易的影响，一味追求过于严格的标准势必会影响经济发展，增加成本的同时却不能带来更多的健康收益。

最严谨的标准体现在其闭环式科学严谨的制定过程。①标准体系规划体现顶层设计，符合“五位一体”总体布局要求；②标准制定以科学为基础，以保障消费者健康为根本目的；③标准制定在确保公众饮食安全的同时，充分考虑经济社会发展；④标准制定依法依规，有严密的审定程序和工作机制；⑤标准制定强化企业主体责任，鼓励企业以创新驱动引领产业发展；⑥标准实施确保精准有效，通过跟踪评价推动标准体系自我完善。

31. 食品安全标准是如何分类的

食品安全标准包括食品安全国家标准和食品安全地方标准。食品安全国家标准包括通用标准、产品标准、生产经营规范、检验方法与规程四大类。其中，产品标准包含食品产品、食品添加剂和食品相关产品。

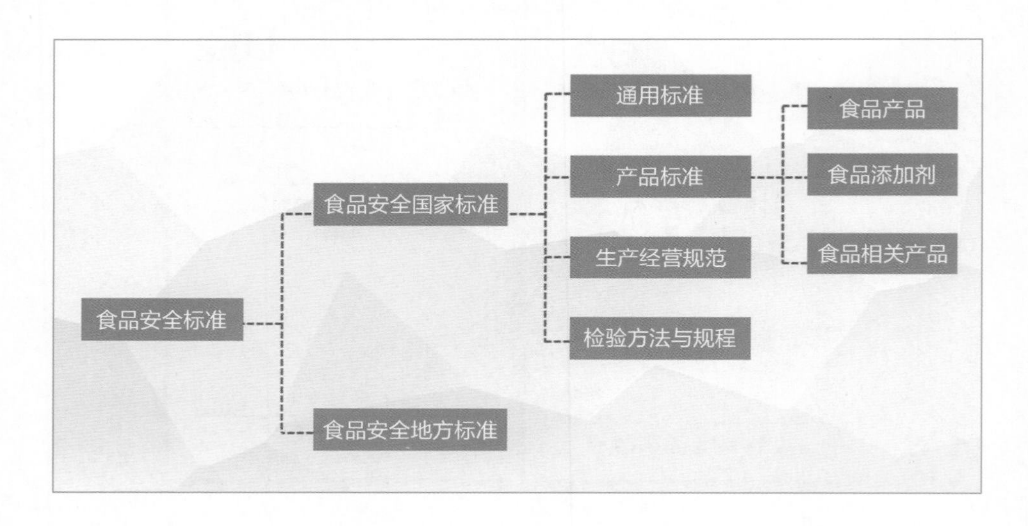

32. 食品安全标准与其他食品标准有什么不同

由于历史原因，在食品行业既有质量标准，也有强制的食品卫生标准或食品安全标准。其中，过去由原卫生部颁布的食品卫生标准和《食品安全法》实施之后颁布的食品安全标准是以保障消费者健康为目的的食品标准，而其他与健

康无关，涉及食品质量、等级、规格的标准是以规范行业生产为目的的食品标准。食品安全标准是食品生产经营者必须遵循的最低要求，是食品能够合法生产、进入消费市场的门槛；其他非食品安全方面的食品标准是食品生产经营者自愿遵守的，可以为组织生产、提高产品品质提供指导，以增加产品的市场竞争力。

食品安全标准是唯一强制执行的食品标准，按照《中华人民共和国食品安全法》管理；其他食品标准均不得制定为强制执行的标准，应按照《中华人民共和国标准化法》管理。

33. 食品安全国家标准中通用标准与产品标准是什么关系

通用标准和产品标准均是食品安全标准体系的重要组成部分，两者均为对食品中各种影响人体健康的危害物质进行控制的技术标准。通用标准是从健康影响因素出发，按照健康影响因素的类别，制定出各种食品、食品相关产品的限量要求、使用要求或者标示要求；产品标准是从食品、食品添加剂、食品相关产品出发，按照产品的类别，制定出各种健康影响因素的限量要求、使用要求或者标示要求。

通用标准也称基础标准，产品标准应与通用标准协调一致。通用标准中对该产品已经有规定的，应当直接引用，如污染物、致病菌、食品添加剂等均直接引用相应的通用标准。在通用标准中未做规定的特定污染因素、与食品安全有关的质量指标，可制定产品标准。

34. 我国食品安全标准涵盖哪些内容

食品安全国家标准的内容包括 8 个部分：

(1) 食品、食品添加剂、食品相关产品中的致病性微生物，农药残留、兽药残留、生物毒素、重金属等污染物质以及其他危害人体健康物质的限量规定。

(2) 食品添加剂的品种、使用范围、用量。

(3) 专供婴幼儿和其他特定人群的主辅食品的营养成分要求。

(4) 对与卫生、营养等食品安全要求有关的标签、标志、说明书的要求。

(5) 食品生产经营过程的卫生要求。

(6) 与食品安全有关的质量要求。

(7) 与食品安全有关的食品检验方法与规程。

(8) 其他需要制定为食品安全标准的内容。

35. 是不是所有食品中的危害物质都应制定食品安全标准

不需要、也不可能对食品中的所有危害物质设立限量标准。限量标准的设立应当以食品安全风险评估结果为依据，当结果表明可能对人体健康造成不良影响，涉及的食品对消费者总暴露量有显著性意义，制定标准后对消费者可以产生公共卫生保护意义的才制定食品安全标准。

36. 食品中没有限量标准的危害物质，是否就不得检出

自然界中的污染物有无数种，不可能也没有必要把每种食品、每种污染物都列入标准。对于未制定污染物限量标准的食品，一般可以理解为，基于目前科学发展阶段，经过食品安全风险评估，该类食品不是该类污染物的主要暴露来源，未制定限量标准并非表明不得检出该类污染物。

37. 检出了不得使用的食品添加剂，是否表明该食品一定不符合食品添加剂使用规定

《食品安全国家标准 食品添加剂使用标准》(GB 2760)规定了允许使用的食品添加剂品种、每种食品添加剂允许使用的食品类别及在食品类别中的最大使用量，部分食品添加剂也规定了由于使用食品添加剂带来的残留量(如亚硫酸盐类食品添加剂)。对于某种食品添加剂，GB 2760 未允许其用于某个或某些食品类别，其确切含义是指该食品添

加剂不能用于这些食品类别，并不一定代表不得检出。若有食品中检出未允许使用的食品添加剂，也并不表示该食品一定不符合标准规定，还需要考虑带入原则等的影响。

38. 我国食品安全标准的管理与发达国家相比有哪些不同

按照《中华人民共和国食品安全法》规定，我国食品标准可分为强制性的食品安全标准和非强制性的食品质量标准，大多数发达国家并未将食品安全标准和食品质量标准划分明显界限，很多国家的食品标准以“食品法典”或“食品法规”的形式出现，如澳大利亚和新西兰的“食品标准法典”、加拿大的“食品药品法规”、韩国的“食品法典”等。这是我国食品标准管理与发达国家最明显的不同。

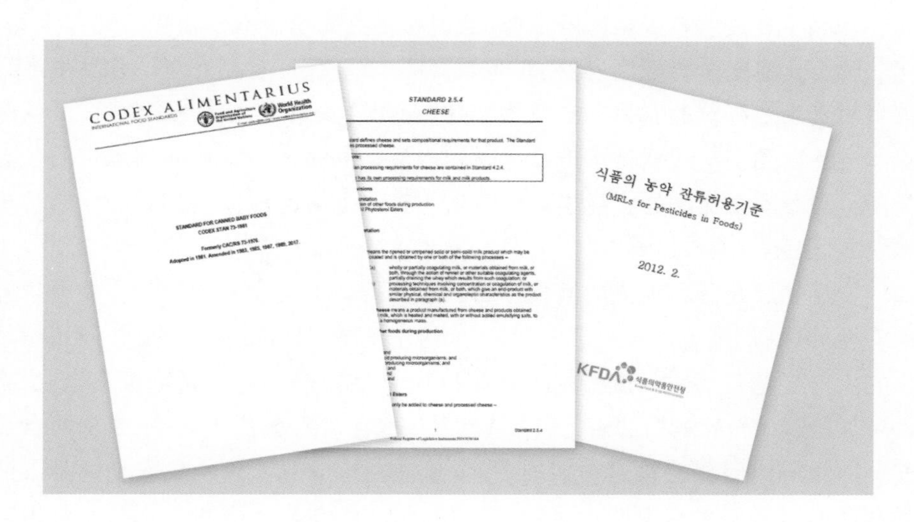

39. 什么是国际食品标准，国际食品标准、发达国家的食品标准比我国食品安全国家标准更严格吗

国际食品标准指的是国际组织和机构制定的标准。国际标准对于各国没有强制的法律效力，一般仅供各国参考，仅在特定的场合，需要协调国际间对食品贸易争端或纠纷时发挥作用。我国食品安全国家标准的制定是运用我国

的监测数据和科学的评估方法，考虑到我国人群中特定危害的暴露情况，同时也参考了国际标准和部分发达国家的标准，经过我国食品安全国家标准审评委员会审评等严格的科学程序制定的。各国的标准指标没有水平高低之分，适合本国食品消费和健康保护水平的标准就是好的标准。简单地通过比较数量的多少、指标的高低来判定标准水平高低是非常片面的。

以《食品安全国家标准 食品添加剂使用标准》(GB 2760)为例，标准中某些食品添加剂是我国特有的，仅在我国范围内允许使用；另有部分在欧盟等发达成员国允许使用的食品添加剂品种在我国并未被批准使用；还有一些添加剂的最大使用量则是严于发达国家的。

40. 食品安全标准在食品生产经营和食品安全监管中发挥什么作用

食品生产经营者应当依照法律、法规和食品安全标准从事生产经营活动，建立健全食品安全管理制度，采取有效管理措施，保证食品安全。食品生产经营者对其生产经营的食品安全负责，对社会和公众负责，承担社会责任。这明确阐述了食品生产经营者生产食品时应当遵循的法律要求和应当承担的社会责任。食品安全标准是食品生产经营者生产经营食品时应当遵守的强制性技术要求，但并非唯一的要求。

食品生产经营者首先应当保证自己生产经营的食品是按照法律的要求采用安全的原料、规范的生产工艺、有序的生产过程管理，且未涉及任何法律禁止的生产经营行为；在此基础上，才可以用食品安全标准判断是否安全、适于食用。所以，符合法律法规的要求是食品安全生产经营的大前提，是保障食品安全的第一道门槛。在这一前提下，食品安全标准是保障食品安全的第二道门。任何违反法律法规的食品生产经营行为，如在食品中非法添加非食用物质、掺杂使假的行为本身就违反了法律规定，无须以食品安全标准作为监管依据，更不能以没有标准为理由逃避生产经营者的责任和监管责任。

41. 食品安全标准执行中发现了一些问题应该怎么办

任何公民、法人和组织在食品安全标准执行过程中发现问题，都可以及时与国务院卫生行政部门联系，提出意见和建议。国家食品安全风险评估中心

网站开设了食品安全国家标准跟踪评价及意见反馈平台，广泛收集标准使用者对现行所有食品安全国家标准的意见和建议，了解标准适用性、科学性和可行性情况，为食品安全国家标准的进一步修订积累基础数据。

食品安全国家标准跟踪评价及意见反馈平台

基本信息填写

用户编号：

首次填写或者忘记用户编号，系统将自动分配新的用户编号；输入用户编号，系统将自动显示您之前填写的用户基本信息。

*用户类型：--请选择--

*单位/姓名：

*行政区划：--请选择-- 省（直辖市/自治区） --请选择-- 市（区）

联系电话：请填写手机或者固定电话号码，固定电话号码格式如 086-010-88888888

*电子邮件：请输入正确的邮箱格式，例如xxx@foxmail.com

现行标准意见反馈

42. 如何体现最严格的监管

“最严格的监管”的实现，主要体现在四个方面，第一，建立严格的准入制度，把好市场准入关；第二，完善事中事后监管程序，多层次监管，包括日常监管、飞行检查、体系检查，“双随机、一公开”模式（即随机抽取检查对象，随机选派执法检查人员，抽查情况及查处结果及时向社会公开）等，加大监督检查力度；第三，加大食品安全抽检力度，曝光不合格的食品

及企业的违法违规行为，引导市场消费导向；第四，开展专项治理整治行动，提升企业自律能力的同时，打击违法行为，减少食品安全隐患。

43. 对食品生产经营者的监督检查有何意义，日常监督检查有何不足

对食品生产经营者的监督检查是法律赋予食品安全监管工作的重要职责，是确保对已获证企业始终保持不低于发证条件的监管手段之一。尽管《中华人民共和国食品安全法》明确食品生产经营者是食品安全的第一责任人，但历年来，仍有不少食品生产经营企业以营利目的为主，不重视或不能很好地履行主体责任，造成食品安全事件仍时有发生，因此加强监督检查、督促企业落实主体责任、减少违法违规行为，能起到很好的预防为主的目的。

日常监督检查是食品安全监管部门最常用、最基本的检查

方法和监管措施，但由于是按日常监督检查计划进行，被检查单位事先已有准备，检查组很难掌握企业的即时生产经营状况，造成许多存在的问题并没有被及时发现，监督检查效果较低。

44. 抽检发现不合格产品后如何处置

国家食品安全监督管理部门建立了定期公布食品安全抽样检验结果公示制度，并在官方网站予以公告，加大不合格产品的信息公开力度，并依法公开不合格产品的核查处置情况，鼓励公众监督，引导社会各界力量参与共治，对企业违法违规行为形成威慑，充分发挥监督抽检工作的效力。

《食品药品监管总局关于进一步加强监督抽检不合格食品风险防控和核查处置工作的通知》明确了加强监督抽检不合格食品风险防控和核查处置工作，要求食品生产经营者收到监督抽检不合格检验结论后，立即采取封存库存问题食品，暂停生产、销售和使用问题食品，召回问题食品等措施控制食品安全风险，排查问题发生的原因并进行整改，及时向所在地食品安全监督管理部门书面报告对不合格食品采取的风险防控措施和相关处理情况，食品安全监督管理部门对企业采取的防控和整改行为进行监督，并对违法违规企业立案调查、依法处置。2019 年 1 月，市场监管总局办公厅又发函要求加强对抽检不合格食品生产企业的监督管理，要把抽检不合格企业列为重点监管企业，调

高其风险等级，加大监督检查和抽查力度，对违法违规的，要严格依法查处，多次抽检不合格的，要从严从重处罚，并纳入企业信息公示系统。

45. 发现食品安全违法行为如何举报

国家建立了食品安全违法行为的投诉举报制度，《食品药品投诉举报管理办法》规定，对收到的食品投诉举报，在受理后应及时转办、移送至属地监管部门进行核实，如有违法行为应当按规定时限进行查处。为便于投诉举报，国家建立了全国统一的投诉举报信息化平台（12315 投诉平台），受理时间为全年无休。同时，为鼓励社会公众积极举报食品药品违法行为，原国家食品药品监管总局和财政部于 2017 年 8 月又共同发布了《食品药品违法行为举报奖励办法》，进一步扩展违法行为的信息来源。

46. 对食品安全违法行为的处罚措施有哪些

《中华人民共和国食品安全法》中共有 28 条法律责任条款，包含了对未遵从《中华人民共和国食品安全法》规定，不落实食品安全责任，保障食品安全不力造成食品安全危害的企业主体、政府部门、相关责任人等的处罚措施，可谓是迄今为止最严厉的法律处罚措施。比如，《中华人民共和国食品安全

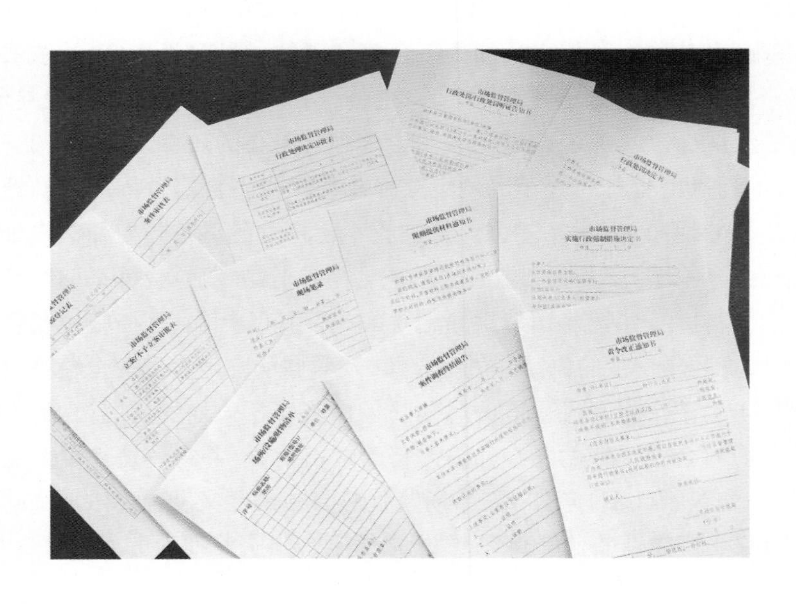

法》强化了食品安全刑事责任追究，对违法添加非食用物质、经营病死畜禽、违法使用剧毒或高毒农药等屡禁不止的严重违法行为，增加了行政拘留的处罚，如果涉嫌犯罪，直接由公安部门进行侦查，追究刑事责任，对因食品安全犯罪被判处有期徒刑以上刑罚的，终生不得从事食品生产经营的管理工作。

对违法行为处罚的额度大幅度提高，比如对生产经营添加药品的食品、生产经营营养成分不符合国家标准的婴幼儿配方乳粉等违法行为，从最高可以处罚货值金额10倍的罚款提高到30倍。

针对多次、重复被罚而不改正的问题，《中华人民共和国食品安全法》增设了新的法律责任，要求监管部门对在一年内累计三次因违法受到罚款、警告等行政处罚的食品生产经营者给予责令停产停业直至吊销许可证的处罚。

对明知从事无证生产经营或者从事非法添加非食用物质等违法行为，仍然为其提供生产经营场所的行为，增设对非法提供场所的行为进行处罚的规定。

强化了民事法律责任的追究，增设了消费者赔偿首负责任制（消费者因不符合食品安全标准的食品受到损害的，可以向经营者要求赔偿损失，也可以向生产者要求赔偿损失。接到消费者赔偿要求的生产经营者，应当实行首负责任制，先行赔付，不得推诿；属于生产者责任的，经营者赔偿后有权向生产者追偿；属于经营者责任的，生产者赔偿后有权向经营者追偿），增设了消费者在实行10倍价款惩罚性的赔偿基础上，可以要求支付损失3倍赔偿金的惩罚性赔偿。

此外，网络交易第三方平台提供者未能履行法定义务、食品检验机构出具虚假检验报告、认证机构出具虚假的论证结论，使消费者合法权益受到损害的，也要承担连带责任；对失职渎职的政府官员和监督部门也要实行最严肃的问责等，都体现了严惩重处原则和重典治乱的理念。

六、食品安全居家小知识

常言道“病从口入”。一日三餐，我们经常要用不同的烹调方法来加工各种各样的食材，以满足生活和工作的需要。各类食品在种植养殖、加工贮存等环节可能受到污染，或食材本身含有一些有毒有害成分，这些食材都需要在制备过程（清洗、蒸煮炒煎炸等）中适当控制或处理，才能避免带来健康损害。本部分结合我们日常生活中常见的问题或误区，解释宣传已被科学证实的知识和理念，希望帮助大家更好地享受食物的美味，促进健康生活。

47. 常见家庭食品的贮存方法有哪些

我国饮食文化源远流长，在漫长的实践中，人们探索出了一些简便有效的食物贮存方法，比如风干、密封、糖渍、盐渍、烟熏和冷藏等。食品的腐败变质多数是由细菌、霉菌等微生物造成的，而这些微生物干坏事需要一定条件，比如温度、水分、渗透压、酸碱度、空气等，传统的贮存方法就是要破坏这些条件，让微生物束手就擒。

风干的食物如干豆角、干海带、干木耳、风干肉等是通过降低水分含量让微生物无法立足。密封主要是隔绝氧气，可以将害虫和一些微生物“憋死”，但是有些细菌能够在缺氧的条件下生长，比如肉毒毒素中毒常常发生在一些家庭自制的密闭发酵食品。糖渍的蜜饯和盐渍的咸蛋，用大量糖和盐使食物脱水，让很多微生物活活渴死。熏制的肉类制品在没有冰箱的年代解决了肉类贮存难题，它不仅包含盐腌的工序，通过熏制还会降低水分，而且烟熏本身会产生一些有防腐作用的化合物，多管齐下让微生物难以繁殖。在近代冰箱得到了普及，家庭食物的冷冻保藏也就成为大家日常普遍使用的贮存保藏方法和手段。

48. 食品保质期和保存期有什么区别

食品保质期，又叫食品最佳食用期，基本上已明确地表明了它的含义。它的专业解释是：预包装食品在标签指明的贮存条件（例如 0~4℃）下，保持品质的期限。在此期限内，产品完全适合于销售，并保持标签中不必说明或已经说明的特有品质。超过此期限，在一定时间内，预包装食品可能仍然可以食用。例如牛奶，在冷藏条件下，在保质期限内（例如 3 天），牛奶的所有品质（香味、口感、营养、色质等）都会得以保持。过了保质期的一定期限内（例如半天内），

品质虽有不同程度的下降，但仍然可以食用，不会吃坏肚子。

保存期的别名是食品推荐的最后食用日期，专业含义是：预包装食品在标签指明的贮存条件（例如牛奶是0~4℃）下，预计的终止食用日期。它与保质期最大的不同是，过了食品的保存期，食品就不能再食用了，因为它很有可能已经变质了。那么过期食品是否等于变质食品呢？保质期不是认定食物是否变质的唯一标准，很多时候我们还需要根据食物类别和具体情况进行判断。在保质期内，食物也可能由于存放方式、环境等因素的变化过早变质；超过保质期，食物也不等于肯定变质、不能吃了，这需要综合进行判断。

（1）干货：木耳等干货类食品（国标规定水分含量在12%以下）在合适的条件下一般能放三、四年。过期后如果没有长毛发霉现象，闻起来和尝起来都没有异味，可以继续食用。需要提醒的是，这类食品一旦开封，很容易吸水回潮，加速变质。

（2）食用油：尽管油脂看起来还没有变色、变味，但是开盖接触氧气后，油的过氧化值会逐渐上升，长期吃这样的油，可能会增加患心脑血管疾病和癌症的风险。开了盖的油，应在3个月内用完；倒入油壶里的油，应在1周之内用完。

（3）主食：主食按照含水分多少分为两大类，水分多的有馒头、面包等，水分少的如饼干等。面包和馒头的保质期一般为3~7天，过了保质期，如果仅仅是发干，可以做成面包渣吃，如果发霉变酸就不能吃了。饼干含水量少，如果是密封包装，保质期一般在1年以上，只要不破损、没受潮，即便过了期，只要味道没变化，一般还是能吃的。

（4）奶制品：过了保质期的牛奶，如果呈现稠而不均匀的液体状，或有凝块、絮状物，就要扔掉；奶粉呈干粉状态，不含水分，保质期较长，过期时间不长，且没有颜色发暗、肉眼可见杂质或异物，未出现陈腐味、霉味、哈喇味等，还可以吃；过期的酸奶如果出现了酒味、腐败味、霉变味等，说明受到细菌污染，就不能喝了。

（5）冷冻的肉和鱼：在冷冻的条件下放置，鱼和肉最长可存放1年。但家用冰箱会因冰箱门经常开关等因素，使冰箱内温度发生变化，导致保质期限变短。如果有哈喇味、臭味，解冻后表面发黏，则说明不能吃了。

（6）饮料：饮料类一般都密闭包装。开封后建议1天内喝完。

因此综合考虑，提醒大家尽管有些食物过期后还能继续食用，但为了保证营养和风味，建议大家适量购买，并在保质期内吃完。

49. 食品储藏的安全温度是多少

冷藏食物必须在 5℃以下,熟食在食用前必须保持在 60℃以上。当温度保持在 5℃以下或 60℃以上时,微生物的生长繁殖速度会减慢或停止,有效防止食物腐败变质。而 5~60℃是食物储藏的危险区。

熟食在室温存放,尤其是天气炎热的夏季,不要超过 2 小时;即使在冰箱中储存也不宜时间过久。再次食用前一定要加热,保证食物中心温度达到 70℃以上,并维持 1 分钟以上,应依据食物块的大小、传热性质以及初始温度确定足够的加热时间,以达到充分杀菌。

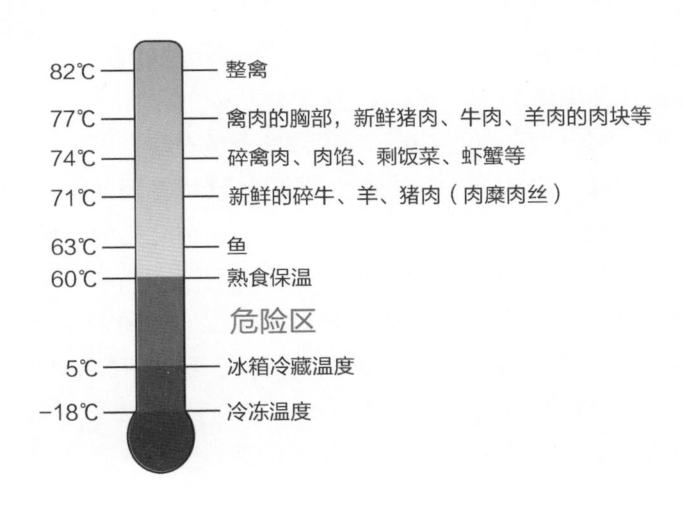

50. 冰箱是食物保险箱吗

家用冰箱常用的冷藏室一般为 4~6℃,可以减缓细菌生长繁殖速度,但细菌仍然会缓慢生长,因此冰箱内储存时间较长的食品最好彻底加热后再吃。如果冰箱塞得太满,里面的冷空气就无法正常循环,冷藏效果降低,造成食品腐败。因此千万不能认为冰箱就是保险箱。

51. 为什么要推荐食用加碘盐

我国曾是碘缺乏病流行最严重的国家之一，人群中缺碘可引起甲状腺肿流行，为了积极防治，我国于 1995 年采取食盐加碘措施，这是全世界最普遍、最有利于推广的全民补碘干预方法。实施全民食盐加碘以来，我国在预防和控制碘缺乏病方面取得了显著成绩，提高了广大民众的健康水平。

近年来有关加碘盐的争议时常被提起，甚至有“沿海地区居民补碘过了头”“加碘盐导致甲状腺癌”等说法。国家食品安全风险评估专家委员会指出，我国沿海地区居民碘营养状况总体处于适宜和安全水平，食盐加碘并未造成碘摄入过量。甲状腺疾病的发生受遗传、环境等因素影响，不能完全归咎于食盐加碘。目前，碘盐导致甲状腺癌的说法还缺乏充分依据，需进一步证实。总之，加碘盐对人类健康的贡献远大于风险。

我国多数地区属于饮用水中碘含量低的地区，因此碘盐对预防碘缺乏贡献远大于碘过量的风险，人们完全不必因噎废食。孕妇、哺乳期女性等特殊人群，除了保证摄入碘盐，每周至少还要吃一次海带、紫菜、海鱼等来补碘。近年，国家在碘强化政策上采取了更灵活的做法，2006 年已在高水碘地区停止供应碘盐。

至于甲状腺疾病患者是否需要禁食碘盐和富含碘的食品，应咨询医生后作出选择。

52. 哪些人群适宜吃低钠盐

医学研究表明，钠可导致血压升高，而钾和镁有利于预防高血压、保护心脑血管，所以对一些高血压患者、冠心病患者，医生会建议食用低钠盐，但低钠盐不应该仅仅是这些患者的专属食盐。

低钠盐和普通盐有什么区别？低钠盐含60%~70% 的氯化钠、10%~35% 的氯化钾和

8%~12% 的硫酸镁。而普通盐的氯化钠含量一般分为三个级别，一级含量≥99.1%，二级含量≥98.5%，三级含量≥97%。可见，低钠盐的钠含量比普通盐低 1/3 左右，钾、镁含量较高。

健康中国行动推荐每人每日食盐摄入量不超过 5 克，而我国居民目前食盐摄入量远超于此，若人们能食用低钠盐，便可轻松减少 30% 的钠，还能增加几百毫克钾和镁的摄入，对普通人来说同样是明智之选。

有人担心吃低钠盐会患高钾血症，这有点杞人忧天。按每天 5 克盐的推算，如果吃的都是低钠盐，约摄入 1 250 毫克氯化钾，其中含 600 毫克钾元素。《中国居民膳食营养素参考摄入量》中指出，健康人每天钾适宜摄入量为 2 000 毫克，因此不用担心高钾问题。

其实，低钠盐的咸味和普通盐相差不多，因为除了氯化钠，氯化钾也有一定咸味，消费者可按正常放盐量使用。值得提醒的是，低钠盐也是盐，同样应控制在每天 5 克以内，才能有效预防心脑血管疾病。

53. “高档盐”营养价值会更高吗

近年来，竹盐、玫瑰盐等受到大家的热议，有些商家宣称其为纯天然无污染、营养价值特别高的“高档盐”。这些只是商家为了吸引眼球的噱头。

竹盐的加工方式：将食盐装入竹筒中，两端用黄土封口，再以松枝为燃料，经 1 000~1 300℃高温煅烧，最后得到的固体粉末就是竹盐。经过炼制，竹筒和黄土中的矿物质会进入食盐，因此可以说竹盐是加工而成的“粗盐”。检测发现，竹盐符合“低钠”标准，与几乎不含钾的普通精盐相比，钾元素含量多了不少，能达到总矿物质重量的 25% 以上，适宜“三高”患者食用，但价格比普通低钠盐高。另外，近年来，有关竹盐功效的说法越来越多，比如排毒、减肥等。目前，相关动物研究只能提供一些猜想，远没达到进入人体试验的程度，这些功效也未获得任何一个国家主管机构的认可。

玫瑰盐是岩盐的一种，主要来自巴基斯坦、尼泊尔等国家和地区的盐矿，因含有较多铁元素和其他矿物质而呈粉红色。市面上的商品玫瑰盐没有经过精制，保留了矿物质、颜色和较大颗粒形态，是一种粗盐。专家分析说，玫瑰盐含镁元素，对控制血压、平缓情绪和强健骨骼均有益处，其中的氯化镁略带苦味，能给盐增加风味。玫瑰盐虽含铁元素，但一天吃 6 克，只能获得约 2 毫克铁，和女性一天所需 20 毫克铁相比，还有很大差距，不能作为膳食补铁的主

要来源。同时，其中铁的吸收利用率未经测定，暂时无法评价。玫瑰盐中还含少量钾和钙，但对人体补钾、补钙起不到明显作用。总之，玫瑰盐风味和长相或许有独特之处，但在健康和营养方面没有出众之处，而且没经过碘强化，用它替代精盐有造成碘缺乏的风险。

总之，盐的主要作用是提供咸味，无论含什么微量元素，每天都不要超过6克。多数人体所需的矿物质可从饮食中获得，靠吃盐补充，既无必要，也没多少效果。买不买高价盐要看经济能力和消费目的，未经精制的海盐等食盐具有不同风味，出于烹饪需要可以选择，但风味和健康无关。

54. 剩菜应如何保存

剩菜是否能吃，要看剩的是什么，剩了多久，储藏条件是什么，重新加热条件是什么。

一般可将剩菜分为蔬菜，以及鱼、肉和豆制品两大类。其中蔬菜是最不适合剩的，反复加热会使蔬菜中的营养成分如维生素等丢失严重，而且蔬菜中硝酸盐的含量较高，储存过程中在微生物的作用下，硝酸盐可能逐渐转变为亚硝酸盐。因此，建议剩蔬菜应尽量在24小时之内食用，这期间的亚硝酸盐含量并不会对人体造成危害。

对于剩鱼、肉和豆制品，基本无须考虑亚硝酸盐的问题，而更需要注意微生物的繁殖问题。食用剩菜时，一定要彻底加热。同时一定不要对剩菜进行反复多次加热，吃多少就热多少。无论哪一类剩菜，如果一餐吃不完，应尽量在出锅时分装好，及时放入冰箱中保存。

55. 喝隔夜水、蒸锅水、千滚水会中毒、致癌吗

这些水其实都是白开水，有的是存放时间长，有的是反复煮沸。久存、久沸、反复蒸馏的确可以让水里的部分硝酸盐转变为亚硝酸盐，但水里的硝酸盐本身含量很低，煮沸也不可能让硝酸盐凭空增加，能转化为亚硝酸盐的就更少。

水里的亚硝酸盐致癌的说法明显有夸张成分。亚硝酸盐本身并无致癌性，转化为亚硝胺类物质才致癌，而转化需要很多前提条件，不是沸水就能生成。

万物皆有毒，关键在剂量。在我国，居民常见的亚硝酸盐中毒事件是将亚硝酸盐误当成食盐造成的，多发生在餐饮单位或工地集体食堂，这充分说明加强亚硝酸盐管理的重要性。

亚硝酸盐中毒一般需要200毫克以上。我国《生活饮用水卫生标准》(GB 5749)里的硝酸盐限量是10毫克/升(地下水源是20毫克/升)。一些资料表明即使是反复煮沸或蒸锅水每升也只有100多微克。

56. 易产生水垢的水可以喝吗

自来水产生水垢是普遍现象，特别是以地下水为水源制备的自来水。水垢的存在对消费者带来一些感官的影响。

实质上合格自来水的水垢无须担心。水垢的主要成分是碳酸钙和碳酸镁，主要是水中含有溶解的钙离子和镁离子，在煮沸的过程中会变成难溶于水的碳酸钙和碳酸镁，沉淀在水壶中，时间久了便形成了水垢。

57. 消费者该如何科学选择水

水是体内营养物质和代谢废物的搬运工，它只是一个载体，无论喝什么水都不可能把它当作营养素的来源，也不可能有什么神奇的功效。喝水的根本目的是满足机体对水的需求。因此只要是符合国家标准的水都可以安全放心地饮用，不存在“哪种水更健康”的问题，消费者大可不必为了喝什么水而纠结。平衡膳食，保证充足的饮水，适量运动和良好生活规律，才是健康的根本。

58. 发芽土豆能不能吃

发了芽的土豆不能吃。发芽土豆中的有毒成分是龙葵素。龙葵素是发芽、变青、腐烂土豆中所含的一种毒素，质量好的土豆每100克中只含龙葵素10毫克，而变青、发芽、腐烂的土豆中龙葵素可增加50倍或更多，吃极少量龙葵素对人体不一

定有明显的害处，但是如果一次吃进 200 毫克龙葵素（约吃半两已变青、发芽的土豆）就可能发病。

龙葵素在人体内的潜伏期为数十分钟至数小时，主要症状为喉咙瘙痒烧灼感、胃肠炎，重者还可能出现溶血性黄疸。因此，绝对不要吃发芽腐烂的土豆。

那么如何预防土豆长芽呢？应该把它贮存在低温、没有阳光直射的地方。还可以把土豆和苹果放在一起，就不会长芽了。因为成熟的苹果会释放出一种植物激素——乙烯利，这种激素会抑制土豆芽眼处的细胞产生生长素，生长素积累不到足够的浓度，自然就不会长芽了。

59. 哪些发芽蔬菜可以吃

土豆发芽产生毒素，就使得人们担心是不是其他食物发芽也不能吃。其实并不是所有食物发芽都不能吃。下面几种食物发芽以后并不影响食用：

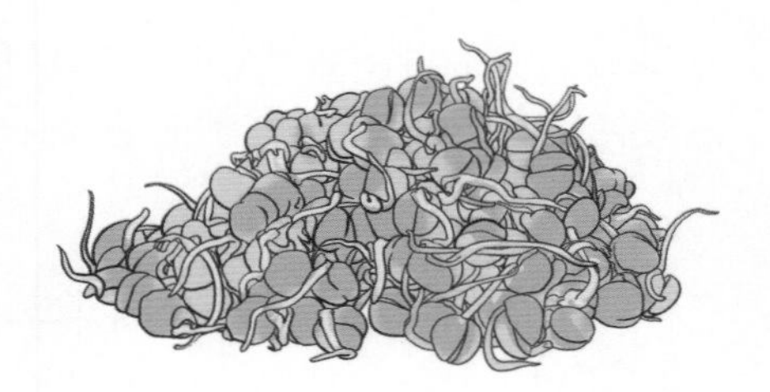

（1）黄豆：黄豆的营养成分比较高，而黄豆在发芽之后，其中的营养成分更利于人体的吸收与利用，并且黄豆发芽的口感也较未发芽黄豆更细腻一些。

（2）豌豆：豌豆发芽之后，其中所含有的胡萝卜素以及部分营养物质会大量的增加。发芽之后的豌豆营养价值会相对增高很多，并且豌豆苗的口感更鲜美许多。

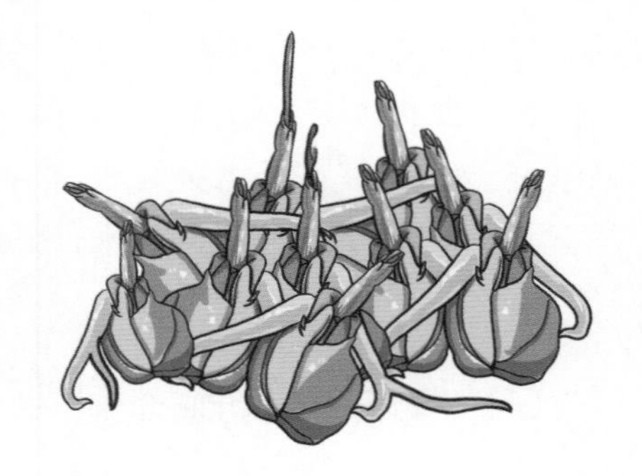

（3）大蒜：大蒜中含有大量的抗氧化物质，具有抗癌、抗衰老等作用，当大蒜发芽变成蒜苗之后，其中的抗氧化物质以及维生素等有益物质的含量就会大大增加，比没发芽的大蒜的营养价值增加很多。

大蒜籽收获以后，休眠期一般为 2~3 个月。休眠期过后，在适宜的气温

(5~18℃)下,大蒜籽便会迅速发芽、长叶,消耗茎中的营养物质。不管是青蒜,还是蒜薹蒜瓣,在各个生长阶段的转变过程中都不会产生有毒物质。

60. 吃了没成熟的青番茄会中毒吗

吃没有成熟的青番茄会觉得嘴巴有点涩涩的感觉,这就是典型的"碱"的味道。在中学的化学教材里,大家都学过酸性与碱性,其中酸性就是食醋的那种味道,碱性就是这种青番茄的涩味。

青番茄中的龙葵素不但具有碱性,还具有毒性。但是青番茄中龙葵素含量很低,要比马铃薯中的含量低得多。即使将番茄中龙葵素的含量按马铃薯中含量的最高值 0.01% 来计算,人一次口服要达到中毒剂量(0.2 克),那就要一次性吃下 2 千克青番茄。这在一般情况下是不会发生的。因此一般偶尔吃一两个没成熟的青番茄是不会中毒的。

随着番茄的成熟,番茄中龙葵素的含量会越来越低,所以吃红色的熟透的番茄就更不会中毒了!

建议:在吃青番茄的时候,最好在 170℃以上的油锅里过一下,因为龙葵素在 170℃以上的温度下就会分解,失去它的毒性。当然,龙葵素会与醋发生反应生成无毒的产物,利用的就是前面讲过的"酸碱中和"的原理,所以在炒青番茄的时候,加点醋,就可以确保龙葵素含量的降低,这样食用起来就更放心了。

61. 如何清除果蔬上的农药残留

去除蔬菜水果中农药残留的常见做法如下,大家可选择采用。

(1) 清水浸泡清洗法:先用流动清水冲洗掉表面污垢,去除污渍,然后用清水盖过果蔬部分 5 厘米左右,浸泡不少于 30 分钟,必要时可以加入果蔬洗剂之类的清洗剂,增加农药的溶出。如此清洗浸泡 2~3 次,基本上可清除绝大部分残留的农药成分。

(2) 碱水浸泡清洗法:大多数有机磷类杀虫剂在碱性环境下,可迅速分

解，因此用碱水清洗可以有效清除蔬菜上的有机磷类农药残留。在500毫升清水中加入食用碱5~10克配制成碱水，将初步冲洗后的果蔬置入碱水中，浸泡5~15分钟后用清水冲洗果蔬，重复洗涤3次左右效果更好。

（3）加热烹饪法：由于氨基甲酸酯类杀虫剂会随着温度升高而加快分解，所以也可以通过加热的方法除去蔬菜上的氨基甲酸酯类农药残留。可将清洗后的蔬菜置于沸水中2~5分钟后捞出，再用清水洗1~2遍后置于锅中烹饪成菜肴。

（4）去皮：清洗的方法并不能完全清除果蔬上的农药残留。因此，对于带皮的果蔬，如苹果、梨、猕猴桃、黄瓜、茄子、萝卜、西红柿等，可以去皮再食用肉质部分。

某些农药在存放过程中会随着时间的推移缓慢地分解为对人体无害的物质，在有条件时，将某些适合于储存保管的果品买回后存放10~15天，再清洗并去皮，食用起来会更加安全。

62. 哪些鸡蛋不要吃

鸡蛋的营养价值非常高，很多人每天几乎都吃一个鸡蛋。但是，有些鸡蛋建议大家不要吃。

（1）死胎蛋：鸡蛋在孵化过程中因受到细菌或寄生虫污染，加上温度、湿度条件不好等原因，导致胚胎停止发育的蛋称死胎蛋。这种蛋所含营养已发生变化，如死亡较久，蛋白质被分解会产生多种有毒物质，故不宜食用。

（2）臭鸡蛋：蛋壳乌灰色，甚至蛋壳破裂，而蛋内的混合物呈灰绿色或暗黄色，并带有恶臭味，不能食用。

（3）裂纹蛋：鸡蛋在运输、储运及包装等过程中，由于震动、挤压等原因，会使蛋产生裂缝、裂纹，很易被细菌侵入，若放置时间较长就不宜食用。

（4）散黄蛋：因运输等激烈震荡，蛋黄膜破裂，造成机械性散黄；或者存放时间过长，被细菌或真菌经蛋壳气孔侵入蛋体内，而破坏了蛋白质的结构造成散黄，蛋液稀薄混浊。若散黄不严重，无异味，经煎煮等高温处理后仍可食用，但如细菌在蛋体内繁殖，蛋白质已变性，有臭

味就不能吃了。

(5) 粘壳蛋:这种蛋因储存时间过长,蛋黄膜由韧变弱,蛋黄紧贴于蛋壳,若局部呈红色还可以吃,但蛋膜紧贴蛋壳不动的,贴皮外呈深黑色,且有异味者,就不宜再食用。

63. 鱼肚子里的黑膜有毒吗

鱼肚子内的黑膜不是污染严重的标志,吃了也无妨。但这层膜本身脂肪含量高,营养价值一般,容易富集一些脂溶性污染物。吃之前也可以把它去掉。如果嫌麻烦,吃了也无大碍。

鱼肚子里的这层黑膜学名叫"腹膜脏层",也叫"内膜层",它存在于鱼腹壁和内脏之间,是正常的生理结构。该膜的作用是包裹大部分腹腔内的器官,有吸收撞击、保护内脏的效果,它还能分泌黏液润湿脏器的表面,减轻脏器间的摩擦。所以,这层膜可以起到润滑和保护内脏的作用。

大多数人都喜欢白色,认为一白遮百丑。所以,看到黑色,第一反应就会认为是脏的,是污染的。实际上,仅凭内膜颜色的深浅来判断鱼受污染程度是没有科学依据的。

鱼肚子里内膜的颜色是由鱼体内色素含量决定的。以常吃的鲫鱼为例,其体内的色素细胞有 4 种,分别是黑色素、黄色素、红色素和鸟粪素。在腹膜脏层表面上有黑色素细胞沉积,腹膜壁层有鸟粪素细胞沉积。不同鱼类品种,它的腹膜脏层和腹膜壁层色素细胞分布也不相同,所以会呈现不同的颜色。

鱼肚子里的黑膜有毒吗

专业人员曾对 78 种鱼进行过调查，结果发现，并不是所有的鱼腹膜颜色都是黑的，发黑的只有 20 多种。

64. 如何避免自制饮料的食品安全风险

到了夏秋季节，一些群众喜爱自制一些饮料解暑。

而近年来，由于饮用自制饮料引发的食品安全事件越来越多，例如自制酸奶时操作不当、采摘野生植物自制饮品导致的食源性疾病等时有发生。

为了控制自制饮料的食品安全风险，以下几点应特别注意：

（1）自制饮料要选择安全的原料：①自制饮料的果蔬、奶制品等原料须在正规商家购买，确保原料安全、新鲜。自制饮料用水应使用达标的洁净饮用水。②请勿使用自行采摘的野生果蔬或者其他安全性不明的原料制作饮料。

（2）自制饮料过程要保证安全、卫生：①自制饮料时要注意保持双手、器皿和操作环境清洁。②原料要清洗干净，挑去杂质和腐烂霉变变质的部分。

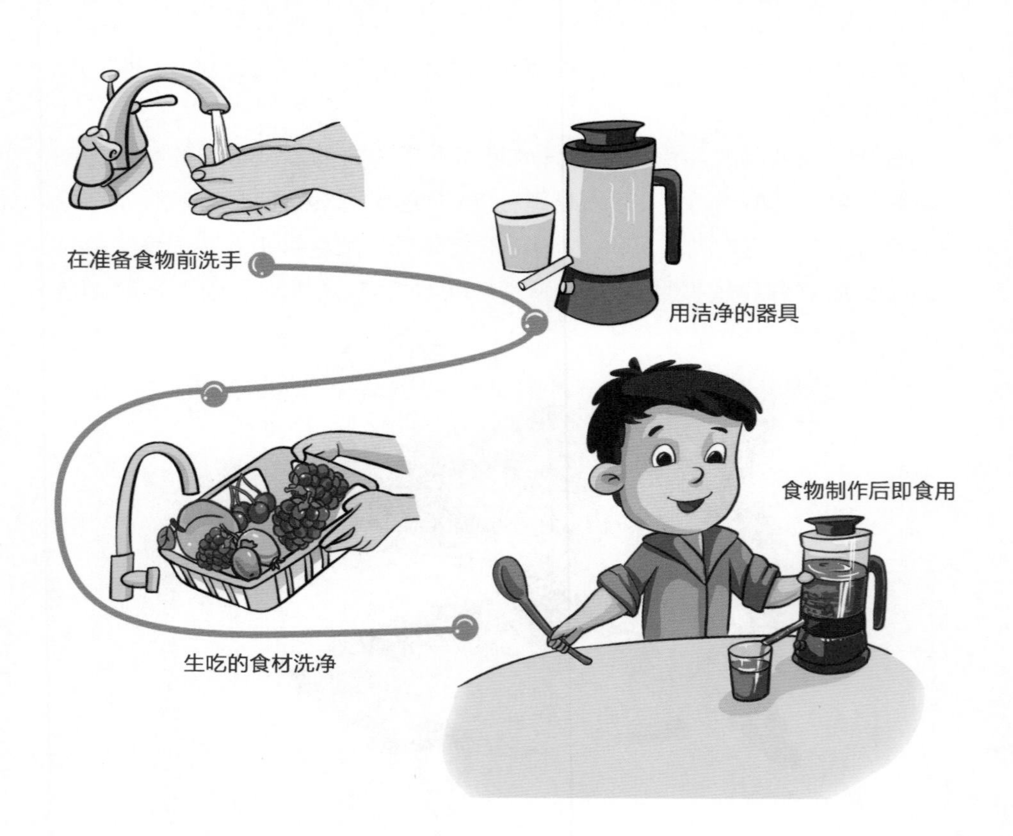

如需熟制的原料要烧熟煮透。③自制饮料时要采用成熟的配比，请勿使用安全性不明的“秘方”“偏方”等。

(3) 自制饮料储存和饮用：①自制饮料最好尽快饮用，在室温下存放不宜超过 2 小时；②自制饮料储存时要在冰箱内低温保存，并且注意不宜保存过长时间；③储存自制饮料的器皿要注意密封，避免交叉污染；④饮用饮料时注意不要暴饮暴食，体质虚弱者注意不宜过量饮用冰凉的饮料，以免引起肠胃不适；⑤饮用餐饮企业自制的饮料时，注意选择具有正规经营资质的企业，并且自制饮料的原料和食品添加剂均按规定标示清楚。

65. 如何预防豆浆中毒

豆浆中毒原因主要是由于豆浆未经彻底煮沸，其中的皂素、抗胰蛋白酶等有毒物质未被彻底破坏。

豆浆中毒的主要症状有：在食用后 30 分钟至 1 小时，出现胃部不适、恶心、呕吐、腹胀、腹泻、头晕、无力等中毒症状。

预防豆浆中毒的方法：生豆浆烧煮时将上涌泡沫除净，煮沸后再以文火维持沸腾 5 分钟左右。需要特别注意的是，豆浆烧煮到 80℃时，会有许多泡沫上浮，这是“假沸”现象，应继续加热至泡沫消失，待沸腾后，再持续加热数分钟。

66. 哪些手部不良的习惯动作具有潜在危险性

日常生活中，大多数人双手有很多无意识又经常重复的小动作，如擦鼻子、抓弄头发、挠胡子、触摸口部、抓痒等，这些动作若与食物烹调加工联系在一起，尤其是制作凉菜等直接入口食品时，存在相互污染的风险。

因此在制作食品时应避免上述小动作，若发觉有这些动作应立即洗手，不要怕麻烦。集体食堂、宾馆、饭店等尤其如此，养成良好的卫生习惯，是防止疾病流行，确保饮食安全的重要环节之一。

67. 家庭自制葡萄酒真的安全吗

近些年，自己酿造葡萄酒的人越来越多。很多人觉得自己酿造葡萄酒，不添加任何物质，是最纯的葡萄酒，因此认为自己酿造比在外面买葡萄酒要安全放心。

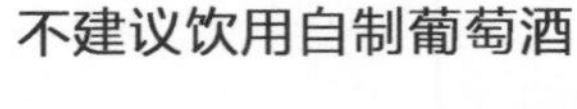
不建议饮用自制葡萄酒

但是经过总结发现自酿葡萄酒存在明显安全隐患，葡萄酒的酿制方法不正确，很可能把自己喝进医院。自酿过程如果处理不当，主要会产生两种有害物质：①甲醇：葡萄中果胶物质水解，氨基酸脱氨和发酵原料的霉变均会导致甲醇的大量产生。用橡木桶陈酿可以降低甲醇含量，但是自酿往往不具备条件。②杂醇油：酵母菌选择不当会产生较多杂醇油。专家建议购买专用的葡萄酒酵母。另外，高温下酿制的葡萄酒，其杂醇油含量普遍偏高。目前家庭酿制葡萄酒还没有除去甲醇和杂醇油的工艺，所以经常会发生喝完自酿的葡萄酒后，出现头痛、头晕等症状。自酿工具和设备、工艺，往往不能够实现全程封闭式消毒生产，也可能存在微生物超标情况。

总之，自制葡萄酒很难达到国家标准《葡萄酒》（GB 15037）和《食品安全国家标准发酵酒及其配制酒》（GB 2758）的要求，有可能带来一定的健康损害。因此不建议自制葡萄酒。

69. 家庭自制臭豆腐有什么安全隐患

我国部分地区如新疆、青海等地有食用自制发酵豆制品的习惯，如臭豆腐、豆豉等。但是这些自制发酵食物加工过程中容易受到杂菌的污染，如果污染肉毒梭菌，可引起肉毒梭菌食物中毒。

肉毒梭菌或其芽孢在自然界中广泛存在，特别是土壤中。家庭在自制发酵豆制品时，原料或制作过程中易受到肉毒梭菌或其芽孢的污染，如果加热的温度或压力尚不足以杀死存在于食品原料中的肉毒梭菌芽孢，反而为芽孢的形成和萌芽及其毒素的产生提供了条件。在缺氧的情况下，肉毒梭菌芽孢可大量繁殖而产生毒性强烈的外毒素。

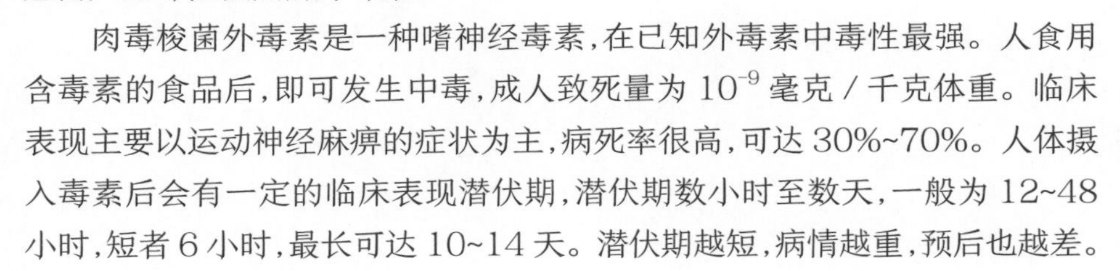

肉毒梭菌外毒素是一种嗜神经毒素，在已知外毒素中毒性最强。人食用含毒素的食品后，即可发生中毒，成人致死量为 10^{-9} 毫克 / 千克体重。临床表现主要以运动神经麻痹的症状为主，病死率很高，可达 30%~70%。人体摄入毒素后会有一定的临床表现潜伏期，潜伏期数小时至数天，一般为 12~48 小时，短者 6 小时，最长可达 10~14 天。潜伏期越短，病情越重，预后也越差。

国内由于广泛采用多价抗肉毒血清治疗本病，病死率已降至10%以下。患者经过治疗一般无后遗症。

建议消费者尽量不要自制发酵豆制品。

69. 流传多年的“食物相克”有没有科学道理

在营养学和食品安全理论中，并没有“食物相克”之说。很多食物相克谣言都是对营养相关知识的一知半解和概念的混淆。“食物相克”致人死亡的说法，很可能是偶然巧合，或是食物中毒引起，或是特殊体质引起的食物过敏的表现，并非食物“相克”。迄今也没有看到现实生活中真正由于食物相克导致的食物中毒及相关报道。

食物中的营养素是很多的，食物之间营养素的相互影响也是存在的，这种影响可以通过平衡膳食来弥补。但不能简单地将其归结为“相克”。

社会上所谓的“食物相克”的理由，主要有两个：

（1）认为部分食物含有大量的草酸、鞣酸，与钙结合影响营养吸收。事实上，大部分植物性食物中均含有草酸，以“菠菜和豆腐”为例，虽然草酸能与部分豆腐中的钙结合，但其影响小，而没有被结合的钙，仍可被人体吸收利用。何况菠菜和豆腐中，还含有蛋白质、多种维生素、矿物质、膳食纤维及其他有益健康的植物化学物。除非不吃菠菜等含草酸的食物，否则草酸进入人体总有机会与钙结合，其实这个问题也能很好地解决，将菠菜焯一下把草酸溶解

出去就可以了。因此，不能因为食物中某个不确定的影响因素，而放弃整个食物。

(2) 认为与食物间发生化学反应有关。以“虾和水果相克”为例，认为虾中的五价砷和水果中的维生素 C 发生化学反应，可生成三氧化二砷(砒霜)而引起中毒。我国食品安全标准对海产品中砷有限量规定[无机砷(以 As 计)≤0.5 毫克 / 千克]，而砒霜中毒剂量为 50 毫克，根据转换系数计算，即使虾里面含有的砷达到最高限量，并且有足够的维生素 C 转化，也相当于一个人要吃 40 千克虾才能达到中毒剂量。

早在 1935 年，我国营养学专家郑集教授就曾对所谓“食物相克”的食物，如大葱 + 蜂蜜，红薯 + 香蕉，绿豆 + 狗肉，松花蛋 + 糖，花生 + 黄瓜，青豆 + 饴糖，海带 + 猪血，柿子 + 螃蟹等，用小鼠、猴子、狗进行实验研究，其中七组由研究者做人体试食试验，结果均没有观察到任何异常反应。

中国营养学会曾经委托兰州大学对 100 名健康人进行所谓“相克食物”试食试验，包括猪肉 + 百合，鸡肉 + 芝麻，牛肉 + 土豆，土豆 + 西红柿，韭菜 + 菠菜等，连续观察 1 周，也均未发生任何异常反应。缺乏科学依据的“食物相克”传言更不可信，也不要随意传播。比如豆腐和蜂蜜同食会导致耳聋，酸牛奶 + 香蕉致癌等。这些食物都是我们常见并且提倡的营养丰富的食材，没有任何科学证据表明其食物相克。

诸多研究进一步表明，“食物相克”之说是不成立的，是假的！

70. 野菜是绿色食品吗

随着生活水平的提高，绿色食品逐渐成为人们健康饮食的首选。其中，不少人对野菜青睐有加，称之为“绿色蔬菜”。

事实上，大部分野菜虽是自然生长的，但并不算绿色食品。绿色食品不仅要求产地的生态环境优良，还必须按照农业部门绿色食品的标准生产并实行全过程质量控制，只有经过专门机构认定获得绿色食品标志的安全、优质产品才是真正的绿色食品。

野菜除少数人工种植的以外，大部分都是自然生长的，并没有严格的监控和管理。野菜生长的土壤可能已被垃圾、废水污染，赖以生存的空气也可能充斥着有害废气，在园林部门大面积喷洒农药、杀虫剂时，这些野菜也都“雨露均沾”难以幸免。这些有毒物质就不知不觉在野菜中潜伏了下来。另外，有些野

菜本身可能就含有能让人过敏甚至中毒的毒素，误采误食容易造成食物中毒。所以看似天然的野菜其实并不“绿色”。

在野菜的摘食过程中要注意以下几个方面：第一，吃野菜安全最重要。野菜品种众多，在采摘野菜的时候要注意采摘自己认识和熟悉的野菜。第二，烹饪野菜时要注意洗净，最好用热水焯烫。一来可以通过热水浸泡去除一定的天然毒素；二来可以通过焯烫去掉一部分野菜中的草酸。第三，进食野菜应当适量。如果吃野菜过量有可能因摄入过多膳食纤维而加重肠胃负担，导致身体不适。

71. 微波炉加热食品好处多吗

微波是通过让食物中的水分子震荡摩擦产热的，它并不改变食物的成分，更不会产生致癌物，在食物中也不会残留微波辐射。与煎炸、烧烤等烹饪方式相比，微波加热时间短、效率高，不但可以避免食物温度过高产生杂环胺、苯并芘等致癌物，还可以更好地保持食品的营养成分和色香味。

微波加热的食物易受热不均匀，用微波炉热饭要保证一定的时长，这样才能彻底热透食物，杀灭细菌。

带壳鸡蛋、金属物体都不能用微波加热，使用的塑料或玻璃容器也一定要看清是否有“可微波加热”的标志。

72. 中小学生需要补充保健食品吗

中小学生的生长发育需要蛋白质的充足供给，还有必需脂肪酸、维生素和矿物质等，合理均衡的饮食就可以满足这些需要，不需要额外补充保健食品。但是挑食的孩子可能会由于维生素和矿物质的摄入不足，导致缺钙、缺铁、缺锌，或者维生素缺乏等。遇到这种情况，可以到医院进行相关检查，在医生或营养师的指导下改善饮食结构，选用相应的营养素补充剂。

我国从未批准过任何“增高”或“补脑”类功能的保健食品。如果遇到保健食品虚假宣传，记得拨打 12315 投诉举报。

73. "食物酸碱平衡论"有科学依据吗

在食物化学研究中，食物分为成酸食物和成碱食物（或成酸性食物和成碱性食物），其分类是按照食物燃烧后所得灰分的化学性质而定。如食物灰分中含有较多磷、硫、氯元素，溶于水后因酸性阴离子占优势而呈酸性，如灰分中含有较多的钾、钠、钙、镁，则呈碱性。这种分类主要用于区分食物的化学组成。

食物进入人体后，会经过消化吸收和复杂的代谢过程，形成的代谢产物有酸性、碱性，还有的呈中性。尽管人体代谢过程中不断产生酸性和碱性代谢产物，但正常人体具有完整的缓冲系统和调节系统，具有自我调节酸碱平衡的能力，血液的酸碱度是各种代谢产物综合平衡的结果，健康人血液的酸碱度（pH）恒定保持在 7.35~7.45 的范围，一般不会受摄入食物的影响而改变，除非在消化道、肾脏、肺等器官发生疾病造成人体代谢失常时，才有可能会受到影响。遵循食物多样和平衡膳食，使人们在享受丰富食物的同时，汲取充足而合理的营养，没有必要顾忌"酸性"还是"碱性"。

文献检索未见因为日常摄入食物不同引起健康人血液 pH 改变的研究资料，也未见到因为血液 pH 变酸而致有关慢性病增加的科学证据。

近年的一些文章中，有关食物酸碱性质的宣传主张"选择食物要注意酸碱平衡"，并且特别强调酸性食物对健康的危害。这些宣传在我国居民中造成了很大的影响。从营养学角度来看，这些说法缺乏科学依据，因而不值得提倡。

"食物酸碱平衡论"宣传"谷类、肉类、鱼和蛋等酸性食物摄入过多可以导致酸性体质，引起高血压、高血脂、糖尿病、肿瘤等慢性病的发生；蔬菜水果属于碱性食物，能够纠正酸性体质，防治慢性疾病"。实际上，蔬菜水果能够预防上述慢性疾病的发生，是因为它们产生的能量低，而且含有丰富的维生素、矿物元素、膳食纤维以及对健康有益的植物化学物质，而不是所谓碱性的作用。按照"酸碱平衡论"，如果纠正"酸性体质"就可以预防慢性病，那么每天服用小苏打（碳酸氢钠）不就可以解决问题了吗？显然，这种说法是不正确的。

《中国居民膳食指南(2016)》强调"食物多样，谷类为主"，建议"多吃蔬果、奶类、大豆"，还提出"适量吃鱼、禽、蛋、瘦肉"，都是根据近年来营养学的研究成果，为改善中国居民营养状况而提出的膳食措施。"食物酸碱平衡论"将

鱼、禽、蛋和瘦肉等食物都归类为“酸性食物”，将使广大居民在选择食物时处于无所适从的境地。上述食物都是人体能量、蛋白质、多种维生素和矿物质的主要食物来源，缺少了这些食物，就必然造成居民营养素摄入不足或缺乏，如此则少年儿童的生长发育以及成人的营养状况将无从保证！

总之，遵循食物多样和平衡膳食，使人们在享受丰富食物的同时，汲取充足而合理的营养，没有必要顾忌“酸性”还是“碱性”。

七、老百姓关注的热点问题

网络等新媒体已经逐渐成为百姓获取食品安全信息和相关知识的主要途径，快速、信息量大是其优势，但随之而来的也有食品安全谣言的肆起泛滥。作为消费者，我们应该做好相应的食品安全知识储备，面对一些负面言论要保持清醒，辨其真伪，不要轻易被网络谣言误导。本部分收集了近年来一些盛行的食品安全谣言以及一直比较受关注的特殊食品如保健食品，为读者进行解析，帮助读者正确看待食品安全。

74. 现挤的生奶真的更安全、更营养吗

消费者在选择奶类食品时，新鲜生奶并不是最安全、最健康的选择。虽然现挤生奶让消费者从心理上觉得是“新鲜”的，但其中也会含有大量“新鲜”的微生物致病菌。健康奶畜的乳房本身就常有细菌存在，当奶畜患乳腺炎或者感染结核、布鲁氏杆菌时，致病菌会通过乳腺导致奶受到污染，若食用了未经消毒处理的奶或奶制品，很大可能会造成食用者感染患病。

另外，奶畜在饲养过程中，可能会因治疗或预防乳腺炎而使用抗生素，若剂量过大而产生的药物残留也是一种污染，且多数情况下消费者对农户个人饲养的奶畜的健康情况并不知情。挤奶过程中，挤奶人员的清洁消毒是否到位，挤奶工具和容器是否符合卫生要求，奶畜是否处于兽药休药期内以及是否通过检疫，都影响着鲜奶的卫生安全状况。

已有研究证实，生鲜奶与市面上销售的巴氏奶、灭菌奶相比，营养成分并无差异，生鲜奶并没有大家想象的“更营养”，仅仅是在视觉上存在的差别，使大家觉得生鲜奶更浓稠，更有品质保障，并未考虑到生鲜奶存在更多的食品安全风险。乳品生产企业在收购奶源时会依照国家标准进行检验，筛选合格的原奶，其生产过程和产品卫生质量均要符合一系列国家食品安全标准。因此建议消费者不要走入生鲜奶“原生态、更健康”的消费误区，而是应该选择食用有明确品牌和生产企业的预包装乳类食品。

75. 你知道烧烤食品的安全隐患么

烧烤食品，尤其是烧烤肉类，色香浓郁，为许多人喜爱。但从食品安全的角度来说，在享受美味的同时，还应为健康着想。

烧烤类食品会含有两种致癌物：苯并芘和亚硝胺。在高温下，肉中的脂肪化作液态滴在炭火上，与肉中的蛋白质结合，会产生苯并芘，肉质越肥，烤焦越多，苯并芘含量就越多；若长期食用，会在体内蓄积从而增加患癌风险。亚硝酸盐本身就是肉类食物中的“常客”，是消化系统癌症的诱因之一。在肉类进行烧烤前一般会进行腌制，若腌制时间过长极易产生亚硝胺。

夏季作为烧烤季，本身就是食源性疾病高发时段，露天经营场所卫生条件堪忧，蚊蝇、灰尘也极易导致疾病的传播，如果冷藏不到位，肉、水产品极易发生变质。炭烤和烤箱的烤制方式不尽相同，炭烤很难做到温度均匀可控，人们往往追求外焦里嫩的口感，以至于在超过 200℃甚至更高的温度下，食品外部过热至焦煳状态，而内部又可能温度不足有些夹生，这样又给肉类、海鲜中的寄生虫以可乘之机，严重影响人体健康。

76. 烧烤美味，如何平衡利弊

为了健康，应尽可能地减少食用烧烤烟熏食品次数。从营养角度出发，烧

烤还是一种高能量的食品，即便是鱼、虾、瘦肉、鲜玉米、蔬菜这些本来都被称作是健康食品的，但经烧烤后，就未必能带来健康好处了。若是特别喜爱烧烤的朋友，在限制食用量的同时，可以注意以下几点：①烧烤可以搭配新鲜水果、蔬菜一起食用，维生素 C 可以阻断人体内合成亚硝胺；②可以尝试家庭自制烧烤，先用锡纸包裹，再用炭火烧烤，可以避免致癌物质接触食物；③严格控制温度，不要过高，避免焦煳，但同时保证烤制时长，让食物熟透。

77. 食物中的反式脂肪酸来自何处

目前我们已知的脂肪酸大约有 40 多种，如果按照饱和程度来分类，可以分为饱和脂肪酸、不饱和脂肪酸；如果按照空间结构来分类，可以分为顺式脂肪酸和反式脂肪酸（trans fatty acid，TFA）。天然的 TFA 主要来自于反刍动物（比如牛、羊）的脂肪组织和乳制品，它是由于饲料中的不饱和脂肪酸，在反刍动物的胃中，经过酶的促生物氢化作用而形成。由于季节、地区、饲料以及动物品种的不同，乳制品中 TFA 的含量也会有所不同，目前普遍的结论是天然来源的 TFA 对人体的危害较小。

目前大家普遍关注的，主要是油脂加工过程中所产生的 TFA。首先氢化植物油是 TFA 的一个最主要来源，植物油经过氢化以后可以由液态变为固态或半固态，不仅可以保持食物外形美观，增加食品的口感和美味，还可以防止变质便于运输和储存，从而满足了食品加工的需求。这类含有"氢化油"或者使用过"氢化油"油炸过的食品都会含有 TFA，比如人造黄油、人造奶油、咖啡伴侣、西式糕点、薯片、炸薯条、珍珠奶茶等，这是我们日常饮食中主要的 TFA 来源。

另外一个来源就是精炼植物油，植物油在精炼脱臭工艺中通常需要高温加热，此期间有可能产生一定量的 TFA。许多人在烹饪时习惯将油加热到冒烟，此时很容易导致 TFA 的产生，特别是一些反复煎炸食物的油，油温往往更高，油及油炸食品中所含 TFA 也会随着用油时间的延长而增加。一些焙烤和油炸食品中会含有较高的 TFA，比如油饼、炸鸡、炸土豆条等，就是因为加工时使用了部分氢化油脂而导致，或者加工过程中热作用而产生 TFA。

78. 反式脂肪酸有哪些危害

受西方饮食方式与习惯的影响，我们平常吃的食物中很多都可能含有 TFA，除了前面提到的，还有饼干、面包、蛋黄派、泡芙、方便面、方便面的油包、巧克力、炸鲜奶、冰激凌等。现有的调查研究和实验表明，TFA 确实对人体的心血管系统存在不良影响，过多的摄入 TFA 是导致冠心病发病的重要原因之一，而且 TFA 能够引起血清总胆固醇和低密度脂蛋白（LDL）的升高，促进动脉硬化。如果哺乳期妇女摄入大量的氢化植物油，TFA 可以通过胎盘和乳汁进入到婴幼儿的体内，现有的研究证据认为 TFA 可能会影响婴幼儿的正常生长。

国家食品安全风险评估中心于 2011 年开展了“我国居民 TFA 摄入水平及其风险评估”项目，项目调查了 5 个大城市加工食品中反式脂肪酸的含量，以及北京、广州 3 岁以上人群含 TFA 食物的消费状况。评估结果显示，中国人通过膳食摄入的 TFA 所提供的能量占膳食总能量的百分比远低于 WHO 建议的 1% 的限值，仅为 0.16%，即便北京、广州这样的大城市也仅为 0.34%，明显低于西方发达国家居民的摄入量。我国居民膳食中 TFA 的主要来源为加工食品，加工食品中植物油的贡献率最高，糕点、饼干、面包等食品的贡献率均不足 5%，且市面上大多数品牌的咖啡伴侣不含反式脂肪酸或含量很低。

虽然总体摄入量较低，但仍有 0.4% 的城市居民 TFA 摄入量超过 WHO 的建议值，随着我们生活方式的变化，含 TFA 的加工食品可能会越来越多，对此我们仍不能掉以轻心，认为太平无事。那我们该如何判断加工食物中 TFA 的含量呢？我国《食品安全国家标准预包装食品营养标签通则》明确规定，如食品配料含有或生产过程中使用了氢化和 / 或部分氢化油脂，必须在食品标签的营养成分表中标示，如果 100 克（或 100 毫升）食品中的反式脂肪酸含量低于 0.3 克就可以标示为“0”。因此，我们可以通过预包装食品上的营养

标签来判断，如果食品标签中的配料表出现了“氢化植物油”“植物奶油”“植物黄油”“人造奶油”等字眼，就可以关注一下营养标签所标注的TFA的含量。但无论如何，我们都应该谨记一条大原则，就是要做到食物多样化，平衡膳食，少吃氢化加工食品。

可可粉、乳清粉、
焦糖色(亚硫酸
加工方式：热加工

于阴凉干燥室温处，
远离异味。
参考

营养成分表		
项目	每100克	NRV%
能量	1950千焦	23%
蛋白质	7.0克	12%
脂肪	15.4克	26%
-饱和脂肪	8.3克	42%
-反式脂肪	0克	-
碳水化合物	74.2克	25%
钠	275毫克	14%

79. 动物奶油真的更健康么

近两年，“食用动物奶油更健康”这种说法在喜欢甜点的人群中流传开来，很多甜品店都以此作为宣传标语。首先要说的是，如果因为害怕氢化植物油或植物油中的TFA，而去更多食用动物油脂，恐怕我们要担心另外一种健康风险了，就是过多摄入饱和脂肪酸带来的动脉粥样硬化、冠心病、高胆固醇血症的发病风险的增高，这已经成为我国慢性病高发的重要原因之一。

“动物奶油就是天然的”说法是一种明显的误导，无论是动物奶油还是植物奶油，都是通过人工提炼，添加了乳化剂和增稠剂制造而成，因此奶油并没有“人工”和“天然”之分，只有来源的不同。

需要谨记的是过量食用任何一种奶油都不健康，消费者可根据自身需要来决定选择哪种奶油。

80. 塑化剂是什么，有哪些危害

塑化剂也叫增塑剂，因2011年的中国台湾省塑化剂事件和2012年的白酒塑化剂事件而广受关注。塑化剂不是一种物质，而是一类包含上百种化合物的大家族，这个家族中被应用最多的就是“邻苯二甲酸酯类”物质，这类物质又包括有上百种化合物，比如邻苯二甲酸二(2-乙基)己酯(DEHP)、邻苯

二甲酸二丁酯(DBP)、邻苯二甲酸丁基苄酯(BBP)等。

在塑料加工过程中使用塑化剂，可以增加柔韧性，便于加工，可合法用于工业用途。备受关注的塑化剂事件，其原因在于塑化剂在食品中的检出。根据以往的塑化剂食品安全案例，食品中塑化剂的来源有以下因素：①非法添加：主要为追求产品的外观诱人；②环境污染：随着塑料制品的应用，塑化剂已经成为环境中普遍存在的污染物，对于食品的污染也是不可避免的；③加工环节：加工过程中可能会使用由塑料、橡胶材料制成的设备或管道、容器等，一些食用油加工过程中使用的助剂很可能会促进塑化剂的溶出，酒类生产也同样；④塑料制包装材料：我们平常使用的各种塑料纸、袋、薄膜中，PE、PP、PVC 材质的制品普遍含有塑化剂，另外回收塑料产品也可能会添加塑化剂，若没有正确选择包装材料种类，可能会造成食品中塑化剂的检出。

塑化剂的危害主要在于它的慢性毒性、致癌性和生殖毒性。目前有研究发现塑化剂可以诱发动物肿瘤，但是对人类致癌的证据还不确切。其生殖毒性主要是由于对内分泌系统的干扰作用，在动物实验中，DEHP、DBP、BBP 会引起雄性动物精子数量减少，促使雌性动物性早熟，但同样，对人类不良影响的证据并不充分。

91. 塑化剂是食品添加剂吗，能应用于食品吗

首先，塑化剂并不是我国批准使用的食品添加剂，绝不能添加到食品中，且已经被列入原卫生部公布的第六批“食品中可能违法添加的非食用物质”名单。其次，塑化剂不可直接用于食品，但是允许用于食品包装材料的生产，使用时国家标准对使用量、残留量、迁移量均有严格要求。以目前的食品工业生产现状来讲，除去非法的人为添加，食品中存在塑化剂不可避免，但是对此我们需要理性看待，正如我国和世界其他各国目前都没有对食品中的塑化剂进行限量，真正需要的是控制其在食品包装材料中的使用量和迁移量，限制塑化剂通过包装材料迁移至食品中的量，避免对人体造成健康危害。

92. 要减少塑化剂的危害，我们该如何做

作为消费者，我们应尽量购买正规厂商生产以及正规场所出售的商品，相对来说此类商品的质量更有保障；其次，塑料制品不要用来盛放油脂以及油脂

含量高的食品，这会促使塑化剂以及其他有机物的溶解，也不要高温加热塑料容器，除非有特别标明了容器的用途如“可用于微波炉”以及可耐受温度。

虽然食品中存在塑化剂不可避免，但我们不必因此就感到恐慌。和所有物质一样，塑化剂对机体的影响要看我们吃进去多少，吃了多久，并且塑化剂并不像铅、镉等有害元素一样会在体内产生蓄积，现在并没有任何科学研究表明该类物质可以在体内蓄积，一般在2天以内就排出体外。选择符合国家标准的包装材料，并不会对健康造成损害，虽然违规生产的低劣包装材料可能会增加风险，但归其根本还是要看摄入量以及是否长期摄入。

93. 为什么说油条、凉皮、粉丝、膨化食品不能吃太多

油条、凉皮凉粉、粉丝粉条一直是百姓餐桌上的常见食物，薯片、米饼、米花等膨化食品也深受青少年人群的喜爱，这些食物都以筋道、蓬松的口感而备受欢迎，也是我们在路边吃小吃、影院吃零食时经常选择的食品。近年来的一些研究数据，将这些食品的一个共性摆到了大众眼前，就是上述食物都可能添加含铝食品添加剂。

我们平常所说的明矾，就是一种含铝食品添加剂。含铝食品添加剂主要作为膨松剂、固化剂来使用，面制品如包子、馒头、油条和油饼，海蜇、膨化食品在生产加工过程中多会使用。从字面就可以看出，过多地食用含铝食品添加剂必然会造成机体对铝的摄入过多。铝本身是环境中含量最丰富的化学元素之一，广泛地存在于动植物食品、水、土壤和空气中，除去含铝食品添加剂，一些食品原料本身就含有一定量的铝元素，也就是天然本底。过去我们曾经认为铝是一种无害物质，因其良好的理化特性，被广泛应用于人们的日常生活，如临床抗胃酸药、各种铝制炊具和容器、含铝食品添加剂、水处理剂等。但是，随着科学技术的进步和人们生活水平的提高，以及环境意识和自我保健意识

的提升，人们对铝的研究逐步深入，它的生物毒性逐渐被人们所认识。

虽然人体对铝元素的吸收能力不强，但长期摄入的话会在人体产生蓄积，在大脑、骨骼等脏器中累积到一定数量后会产生慢性毒性，比如可能会导致骨生成抑制，加速骨质疏松；在生殖系统方面，可能会影响胚胎生长发育；铝在阿尔茨海默病、透析性脑病、神经退行性病中的毒作用得到了许多研究学者的肯定，说明了铝对神经系统也存在危害。此外，铝对造血系统和免疫系统也存在一定毒性，同时会妨碍钙、锌、铁、镁等多种元素的吸收。尤其是生长发育期的儿童，如若长期大量食用铝含量超标的食品，可能会对神经系统发育、智力发育产生不良影响。

84. 铝的摄入也有安全限量吗，你超量了吗

虽然铝有这么多的危害，但是也和其他食品中的有毒有害物质一样，它的毒副作用与人体的摄入剂量紧密相关。铝天然存在于自然界中，食物中的本底无可避免，那摄入多少才会是安全的呢？联合国粮农组织／世界卫生组织食品添加剂联合专家委员会将铝的暂定每周耐受摄入量(provisional tolerable weekly intake，PTWI)定为2毫克／千克体重，对于较为抽象的PTWI值，理解起来可能比较困难，我们可以先看一下我国权威机构的研究数据。

国家食品安全风险评估中心于2012年发布了中国居民膳食铝暴露风险评估结果，在此项评估中发现，我国居民膳食铝的平均摄入量对人群健康造成的风险处于可接受水平；但是2~14岁儿童通过主要含铝食品添加剂食品的平均摄入的铝量均已超过PTWI，存在较高的健康风险；海蜇、油条、粉条等食物高消费人群的膳食铝摄入量已达到PTWI的3.8倍以上。除了膳食中的铝，再加上容器中铝的迁移等其他途径铝元素的带入，铝的超量摄入其实就存在于我们的日常生活中。

95. 除了制定限量标准，我们还能通过什么方法“禁铝”

膳食中铝的来源大部分为食品中的含铝食品添加剂，我国的食品安全标准目前已经撤销了酸性磷酸铝钠、硅铝酸钠和辛烯基琥珀酸铝淀粉等3种食品添加剂，也取消了硫酸铝钾、硫酸铝铵在膨化食品、小麦粉及其制品中的限量，而且目前国际上通过“禁铝”来避免铝对人体健康危害的国家和地区也有很多。对于我们日常生活来说，同样要认识到这一点，就是含铝食品添加剂的过多食用，对健康毫无益处。以下食品要格外引起注意：

首先是海蜇和粉条，海蜇的加工通常要有明矾浸渍的环节，我们时常吃的粉条也是通过含铝食品添加剂才能形成条状，过量的添加经常出现在小规模作坊等不规范的生产过程中，这两者中目前并没有取消含铝食品添加剂的使用，平时应尽量少吃。

其次是焙烤食品和油炸面制品，如面包、油条油饼等，这部分食品中的含铝食品添加剂是被允许使用的，也应注意摄入量。

再次是日常生活中尽量不用铝制炊具，城市目前已不多见，但偏远农村地区仍较普遍。

最后是食物摄入量是污染物对健康危害程度的关键，表1是国家食品安全风险评估中心所计算的各种食物安全消费水平，可作参考。

表1 各类食品的安全消费水平

食品种类	成人安全消费量/(克·周$^{-1}$)	儿童安全消费量/(克·周$^{-1}$)
海蜇	79	43
油条	255	140
油饼	496	270
麻花	861	470
粉条	871	475
馒头	1 110	605
炸糕	1 304	711
膨化食品	2 182	1 190
面条	3 235	1 726
面包	3 890	2 122

注：引自国家食品安全风险评估中心2012年发布的《中国居民膳食铝暴露风险评估》

96. 水果打蜡是"黑心商家"的违法操作吗

并不是。水果打蜡甚至都不是高度商品化的现代社会产生的新技术，它的历史可以追溯到九百年前，12 世纪的中国，南方的果农将蜡倒入装有橙子与柠檬的木质盒子中，以保留水果的香甜与水分，同时避免昆虫啃咬。水果经过由南至北的长途跋涉，呈放在皇帝的餐桌时依然鲜亮饱满。

发展至今天，打蜡处理作为水果商品化的重要手段之一，其首要目的依然是保鲜。打蜡之后，水果表面会形成一层保护膜，可以降低水果的呼吸作用，延缓其成熟时间，减少水分蒸发，保持水果新鲜，同时还可以保护水果在长途运输中免受细菌、昆虫以及机械碰撞的侵害，减缓其腐败变质的速度。除了易于保存，水果打蜡的另外一个目的就是"美颜"，就像是加了一层滤镜，经过打蜡的水果，颜色更加鲜亮，也更富有光泽感，看起来更加诱人，当然价格也相对更高。

本地产的当季水果一般不需要保鲜剂处理，通常不会打蜡。一些反季水果和需要长途运输的高档水果可能会打蜡，比如进口水果基本都打过蜡。

97. 打过蜡的水果有毒吗，吃了会不会致癌

人们通过正规商超渠道购买的、使用食品级蜡、严格按照国家标准进行打蜡的水果，不会对人体健康造成损害，更不会有致癌的风险，可以放心食用。

果皮上的蜡一般分两种情况：一是水果表面自带的果蜡。比如苹果在生长过程中表皮会产生天然的果蜡，这种果蜡像滑石粉一样呈现灰白色，是由脂肪结晶形成的，没有什么光泽，它可以在苹果生长时防止其变干，或者防止下雨天吸收太多雨水。一些其他的水果像葡萄、李子、梨等也会产生这种天然涂层。

二是人工添加的食用蜡。这种人工果蜡多是从动植物（巴西棕榈、螃蟹、贝壳等）中提取的。我国食品添加剂使用标准对水果打蜡有严格的规定和限量要求，只允许使用巴西棕榈蜡、吗啉脂肪酸盐果蜡等少数食品蜡进行水果打蜡，并且每种蜡的残留量均有严格限定。

大家需要警惕和注意的是第三种比较特殊的情况：一些不法商贩使用的相对便宜的工业石蜡。工业石蜡的成分比较复杂，且可能含有铅、砷、汞等重金属。这些对人体有害的成分，还可能通过果皮渗入到果肉中。人们如果食用了劣质工业蜡打蜡的水果，会增加健康损害的风险。

88. 如何辨别打蜡水果

区分打蜡水果其实并不难，一看二摸三闻。打蜡水果在外观上更"美"一些，果皮光滑，颜色鲜亮；而且，由于果蜡的成分中含有油脂，打过蜡的水果外皮摸起来会有一点黏腻感。未打蜡的水果外表则"朴实"多了，颜色没那么艳丽，果皮摸起来甚至会有点粗糙。未打蜡的水果闻起来有淡淡的香气，味道清新，而闻起来有药味，或者异味感较重的，可能是保鲜剂和蜡使用得较多。

至于果皮上使用的是工业蜡还是食用蜡，人们单凭肉眼很难分辨。我国目前也没有相关的标准检测方法。那我们在购买水果时如何分辨呢？通常，食用蜡打蜡的水果，表皮形成的蜡膜比较薄，也比较亮；而工业蜡多数是违法

人员手工涂抹上去的，涂层相对更厚一些，也不均匀。并且工业蜡有颜色，在选购水果时，用手或者纸巾用力擦拭水果表面，如果能擦下淡淡的红色，说明很可能是工业用蜡，需谨慎购买。

89. 果皮上的蜡有办法去除吗

最好、最简单的方法就是去皮食用。有些朋友可能会觉得去皮的同时会损失一部分营养，直接丢掉果皮太可惜。事实上，拿人们常吃的苹果来举例，果皮中确实含有比较丰富的多酚、黄酮和原花青素等抗氧化成分，但苹果皮量少，通过吃那一丁点苹果皮摄入的营养素量，根本不足以对人体健康起到显著的作用。更何况，果皮上还会有农药残留的风险，虽然残留量不一定会对健康产生危害，但至少说明，果皮不是非吃不可的。

当然，如果您想保留果皮中的营养，也有清洗的方法。一是可以选择热水冲烫，果蜡遇热之后会融化，在蜡重新黏在果皮上之前及时倒掉热水，基本上可以去除那层蜡膜；二是可以用盐或者清洁球搓洗，果蜡质地软，通过搓洗可以有效去除；三是可以使用一些专业的水果蔬菜洗涤剂进行清洗。

90. “酵素”“植物酵素”和“酶”是一种东西吗

“酵素”一词来自日语——酵素こうそ，对应到中文里就是酶的意思。酶是生物进行新陈代谢必不可少的催化剂，主要作用就是帮助食物中的大分子分解为人体可吸收的小分子，比如，唾液淀粉酶可以催化淀粉水解为葡萄糖。但是目前市场上我们所见的形色各异的“植物酵素”产品并不能跟酶的概念混为一谈。市场上的“酵素”在日本的原名是“植物酵素エキス”，译成中文是“植物之酶的提取物”或“植物酶提取之精华”之意，是用水果、蔬菜、植物根茎、菌菇、草本药物等植物原料经过酵母、醋酸菌、乳酸菌等多种微生物发酵后的制品，其主要成分是包含有机酸、糖、蛋白质、氨基酸、微生物代谢产物、微生物酶以及微生物菌体（已灭活）等物质的混合物。

有些商家利用酶能催化食物分解的特性，在产品介绍里故意混淆“植物酵素”与酶的概念，并且大张旗鼓地宣传酶对促进人体健康产生的作用，甚至鼓吹服用了他们的酵素产品，可以有效补充体内的酶，加快新陈代谢。这种说法其实大有问题。酶确实可以催化分解反应，但大多数的酶本身是蛋白质，人

体摄入之后经过消化，最终是以氨基酸的形式被吸收，根本无法起到特异性补充人体酶的作用。而且很多火爆的“酵素”产品中其实根本就不含酶的成分。所以，不要被商家“半瓶水”的科普给欺骗了，那些他们隐去不说的信息往往才是最重要的。

91. “植物酵素”真如宣传的那样神奇，吃了就能变瘦变白变漂亮吗

没有一种食物有这种神奇作用，哪怕坚持吃也不能产生这种效果。

“瘦身”“排毒”“调理肠胃”“抗氧化”等，这些“植物酵素”产品主打的功效，往往并没有严谨的科学证据支持，酵素产品也不适用于所有人群，人们吃了不见得能变美，一直吃还可能对健康产生不良影响。

有些人对“植物酵素”可以减肥、瘦身深信不疑。商家给出的原理是吃进去的“植物酵素”可以分解人体脂肪。而且为了更有说服力，提高宣传的科技含量，往往还会附上体外实验的图片：滴一些植物油在一杯水里，再加入“酵素”产品，最后以油脂溶解作为证据。脂肪酶在直接接触的条件下确实能催化脂肪分解，但这些简单的体外实验根本无法模拟复杂的体内环境，“酵素”也不能特异地作用于人体的皮下脂肪，更何况脂肪分解产生的脂肪酸其实更有利于人体吸收，这还如何减肥呢。

还有些人吃了“植物酵素”产品之后确实觉得排便更顺畅了，因此认为其具有“调理肠胃”“疏通排毒”的功效。但“植物酵素”之所以能产生这种作用，跟有些产品的配料中含有纤维素、乳糖、低聚果糖、葡聚糖、菊粉等成分有关。这些益生元物质能够促进胃肠蠕动，改善胃肠消化功能。但每个人的耐受能力不同，有些人服用“植物酵素”之后很容易引发腹泻。腹泻不是人体正常清理废物的方法，长期腹泻反而会干扰肠道正常功能。不过腹泻在某些时候能给人营造一种可以“瘦”的错觉，于是一些爱美人士为了减肥，甚至将“植物酵素”作为代餐食品，1 天 2~3 次服用。“植物酵素”产品本身所含的营养物质很少，如果长期把它当作正餐来吃，容易导致营养摄入不足，再加上腹泻使体内水分丢失加剧，更加影响营养素吸收，进而对人体产生严重的健康损害。

至于商家吹嘘的“美容养颜”“抗氧化”等作用，也不过是认为“植物酵素”中含有多酚、黄酮类等具有抗氧化作用的植物化学物。但这些成分人们都可以通过直接吃水果蔬菜来获得，不必由昂贵的“植物酵素”产品为此埋单。

如果您真对市面上销售的“酵素”产品感兴趣，购买时也请认真查看配料表与营养成分表，不要被忽悠了，毕竟某些价格奇高、标榜健康的“酵素”产品，配料表里却只有蜂蜜和水。

92. 自制“水果酵素”更安全吗

自制“水果酵素”安全隐患多，不建议家中制作，同时也不建议消费者购买以“自制”为卖点的“水果酵素”产品。

随着“植物酵素”产品在市场的风靡，自制“水果酵素”也成了一种流行趋势。最简单的制作方法就是将水果、糖，加上水放入容器中，密封发酵。这其实是十分常见的发酵过程。比如，人们熟悉的酸菜、泡菜是用蔬菜发酵的；豆瓣酱是用大豆发酵的；米酒或者酒酿则是熟糯米发酵而成。但是家庭自制的条件一般比较简陋，发酵过程中容易受到杂菌污染，喝了这种“水果酵素”不仅对健康无益，还容易导致细菌性食物中毒；另外，水果在发酵时还会产生甲醇等有害物质，而受条件限制又无法有效去除，这也大大降低了“水果酵素”的安全性。

其实，这种发酵方式更适合处理厨余垃圾，利用微生物的作用，把丢弃的蔬菜、水果等变成有机肥料，用于种花种菜，更加方便清洁又安全环保。有些人从日本代购回的“酵素”桶，原本就是用来处理厨余垃圾的发酵容器。

93. 非洲猪瘟病毒有没有人传染性，会不会对人体造成伤害

非洲猪瘟病毒不传染人，不是一个食品安全问题。

非洲猪瘟是由非洲猪瘟病毒感染导致的一种猪的急性、烈性传染病。它作为一种致命的传染病在猪和野猪之间广泛传播。但非洲猪瘟病毒不具有跨种族传染的能力，不会感染人和其他物种。

世界卫生组织、联合国粮农组织、世界动物卫生组织等国际组织既没有把

非洲猪瘟只传染猪（家猪、野猪），不传染人和其他动物。

非洲猪瘟列入人兽共患病，也没有列入多种动物共患病。非洲猪瘟自 1921 年在肯尼亚被首次确诊，一百年来，在全球 60 多个国家扩散和流行，没有发生过人因吃猪肉而感染非洲猪瘟的情况。非洲猪瘟不会影响食品安全。人们依然可以放心吃猪肉以及猪肉制品。

70℃，30分钟即可灭活

而且，非洲猪瘟病毒虽然感染性强，但它对高温比较敏感，70℃持续加热 30 分钟即可杀灭。一般家庭烹饪温度能达到 90~100℃，油炸温度甚至高达 200℃，因此只要保证足够的烹饪时间，即便是有非洲猪瘟病毒也统统被杀死了。

94. 既然非洲猪瘟病毒不传染人，为什么大量病猪和疫区活猪都被扑杀

捕杀、消毒、隔离都是常规防疫操作，是为了保护猪免受感染，降低生猪产业损失。非洲猪瘟病毒虽然对人没有任何直接危害，但它对生猪产业的破坏非常大，它能感染所有品种的猪，且发病率和死亡率最高可以达到 100%。

而且目前世界各地均没有研发出疫苗，也没有有效的治疗手段，防疫和控制的主要措施就是切断传播途径。

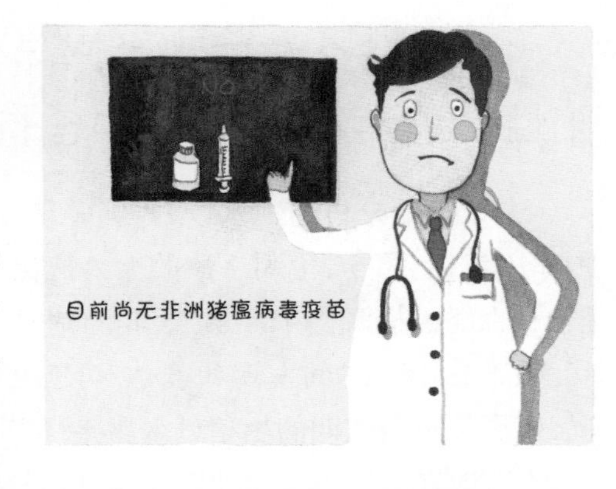

在生猪饲养领域一旦发现感染病例，最好的控制手段就是在第一时间对所有病猪和疫区范围内的活猪进行扑杀填埋以及无害化处理，同时做好感染区和非感染区之间的隔离措施，尽可能地在前期控制住疫情的扩散，以保证更多的猪群不受感染。不仅如此，大型的规模化的养殖场，人员进入时需要经过严格的消毒程序，还要穿上防护服，避免猪群被人员携带病毒感染，保证猪场基本的生物安全。

95. 为什么猪肉相关产品会检出非洲猪瘟病毒核酸阳性，是否意味着食品中含有活的非洲猪瘟病毒

专家总结分析速冻水饺、香肠等猪肉相关产品检出核酸阳性最可能的几种原因包括：第一，检测手段的大大提高使得检测灵敏度增高，即使病毒含量很低，也能被检测出来。第二，非洲猪瘟的潜伏期可达3周，初期没有临床症状，很难在第一时间发现和确认，可能存在健康猪处于潜伏期携带病毒的情况；如果处于潜伏期的生猪进入屠宰环节，进一步混入食品加工企业供货产品中，很可能在成品中检出非洲猪瘟病毒核酸阳性。第三，猪肉原料本身没有问题，但是在运输、加工、包装等环节，污染了非洲猪瘟病毒。当然也不排除最极端的一种情况，就是病死猪肉混入了生产加工环节。

不过，食品中检出核酸阳性，并不一定代表其中有活病毒存在。核酸阳性是病原学检测的专业术语，只要被检测样品中含有病毒的特定核酸片段，就有可能检测阳性。即便是被杀死的病毒，通过DNA检测也能检测出来。

由于非洲猪瘟病毒并不传染人的特性，无论病毒的死活，都不会威胁到人体健康，但这些携带有非洲猪瘟病毒的猪肉制品，一旦流入市场，很可能通过其他渠道再次扩散到生猪环节，造成非洲猪瘟疫情传播扩散，给动物防疫工作增加难度。

因此，加强生猪养殖、屠宰、流通等各个环节的监管，并在养殖、屠宰等前端环节加强检验检疫，仍是防疫工作的重中之重。同时，为了降低生猪屠宰以及生猪产品流通环节病毒扩散风险，国家农业农村部于2019年1月2日发布了第119号公告，公告明确要求自2019年2月1日起，生猪屠宰厂(场)应当按照有关规定，严格做好非洲猪瘟排查、检测及疫情报告工作。虽然非洲猪瘟病毒不至于对人造成健康风险，但得了非洲猪瘟的猪就属于病猪，没有任何理由走上货架和餐桌。

96. 非洲猪瘟疫情可控吗，猪肉还能不能吃

非洲猪瘟病毒进入我国以来，我国所有已发疫情均得到及时有效处置，国家农业农村部目前对疫情的判断为点状散发，总体可控。但非洲猪瘟病毒在我国已形成了一定污染面，传统养殖结构短期内难以根本改变，疫情传播途径错综复杂，防疫工作并不轻松，同时还面临着中小散养殖户多且防疫意识普遍

薄弱、生物安全防护水平较差等诸多现实问题。从全球的防疫情况来看，60多个国家发生过非洲猪瘟疫情，目前仅有13个国家根除了疫情，并且最短的国家用了5年时间，最长的用了36年。这也说明，在疫苗成功研制出来之前，非洲猪瘟防疫不仅是攻坚战，很可能还是持久战。

面对非洲猪瘟来袭，以及可能持续较长时间的防疫过程，人们其实不必过度担心猪肉食品安全问题。非洲猪瘟不是人兽共患病，只会传染猪，不会感染人已经是非常明确的共识。消费者们可以通过具备食品生产经营资质的正规生产厂家和商超渠道，选购加盖检验检疫合格证章的鲜（冻）猪肉，购买猪肉制品则选择保质期内、标签标识清晰、包装完好的，并且高温烹熟之后再食用。对于养殖户来说，做好猪场消毒与隔离工作至关重要，并且坚决不用泔水喂猪，可以有效防止生猪感染与疫情扩散。

97. 什么是转基因食品

转基因食品也叫基因修饰食品，是利用转基因技术改变动物、植物和微生物的基因组构成生产的食品和食品添加剂，一般包括：①转基因动植物、微生物产品，例如转基因大豆、转基因玉米；②转基因动植物、微生物直接加工品，例如转基因大豆加工的大豆油、转基因玉米加工的玉米片、玉米饼；③以转基因动植物、微生物或以其直接加工品为原料生产的食品和食品添加剂，例如采用转基因大豆油加工的食品。

98. 什么是转基因技术

转基因技术就是基因工程技术，也叫DNA重组技术，是利用分子生物学、分子遗传学、生物化学和微生物学等理论，有目的地将某一生物细胞的基因分离出来或通过人工合成新的基因，在实验室对其进行酶切和连接并插入载体分子，然后导入到自身细胞或另一生物细胞中进行复制和表达，使其遗传物质基因重新组合，从而获得目的基因控制的性状，在较短时间内创造出新的生物特性的技术。

简单来说，转基因技术就是按照人们的意愿和设计方案，将控制某一优良性状的基因，同需要这种优良性状的生物物种或品种的基因进行杂交重组的技术，是通过定向改变生物的遗传特征，培育生物新品种的方法。

99. 为什么要生产转基因食品

随着工业化和城镇化进程加快，我国的可耕地资源正逐渐减少，然而人口不断增长需要粮食产量的持续提高，以解决百姓吃饭问题，保障国家粮食安全。转基因技术研究与转基因食品生产，正是在资源紧缩情况下，保障粮食与重要农产品供给行之有效的方法和途径之一。利用转基因技术可以在短时间内培育得到高产、抗旱、抗虫、抗病毒等优质农作物新品种，不仅方便种植，还能降低除草剂等农药、化肥投入，更利于保护生态环境，同时对于消费者而言，也能因此获得价格更低、品质更优的食品。

100. 转基因食品安全吗

通过安全评价并批准上市的农业转基因生物与其他非转基因生物一样安全，食用不会对人体健康产生风险，也不会增加环境安全风险。这是联合国粮农组织、世界卫生组织和世界粮食计划组织等国际组织以及主流科学界目前对于转基因食品安全性的共识。

转基因技术与其他技术一样，本身是中性的，可以带来福利，同样也可能蕴含风险。为了防范风险，转基因技术应用到食品生产领域获得的转基因生物及产品在上市前均经过严格的安全评价，并且这种评价比以往任何一种食品都更严格和全面。国际食品法典委员会制定了一系列转基因安全评价指南，是全球所公认的转基因安全评价准则。各国政府也建立了各自的转基因生物安全评价方法、程序及相关法规。

我国参照国际通行指南，借鉴美国、欧盟的管理经验，立足国情，建立了一整套严格规范的农业转基因生物安全评价制度。我国的农业转基因生物安全评价工作由国家农业转基因生物安全委员会（国家农业转基因生物安全委员会由从事农业转基因生物研究、生产、加工、检验检疫、卫生、环境保护等方面的专家组成，每届任期五年）负责，依据“科学、比较分析、个案分析、分阶段”四原则，以及政府制定的评价指南和已发布的 228 项农业转基因生物安全评

价、检测监管标准，对农业转基因生物实行分阶段安全评价管理，评价内容主要包括食用安全风险和环境安全风险，按过程分为 5 个阶段：实验研究、中间试验、环境释放、生产性试验和申请安全证书，在任一阶段发现食用或环境安全问题便立即终止研发。

长期的科学监测与消费实践也证明，经过安全评价与政府严格审批的转基因作物及其产品是安全的。欧盟委员会历时 25 年，组织 500 多个独立科学团体参与的 130 多个科研项目，得出结论："生物技术，特别是转基因技术，并不比传统育种技术危险"。转基因作物自 20 世纪 90 年代开始商业化种植，已有 20 多年种植史，全球有 28 个国家累计种植转基因作物 300 亿亩，65 个国家和地区的几十亿人吃过转基因食品，未发生一例被科学证实的安全问题。

101. 我国是如何管理转基因食品的

针对农业转基因生物及其产品安全管理，我国基本已经建立并形成了一套立足国情又与国际接轨的法律法规体系，依法对农业转基因生物及其产品实施安全监管。

2001 年，国务院颁布了《农业转基因生物安全管理条例》，对农业转基因生物及其产品的研究、试验、生产、加工、经营和进口、出口等各个环节进行严格安全管理，并建立原农业部与原省、市、县农业厅(局)分级实施模式。随后，原农业部制定并发布《农业转基因生物安全评价管理办法》《农业转基因生物进口安全管理办法》《农业转基因生物标识管理办法》和《农业转基因生物加工审批办法》作为 4 个配套规章，原质检总局发布并实施《进出境转基因产品检验检疫管理办法》。《中华人民共和国种子法》《中华人民共和国农产品质量安全法》《中华人民共和国食品安全法》等法律也均有涉及农业转基因生物管理内容的规定。2016 年，原农业部对《农业转基因生物安全评价管理办法》进行了修订。2017 年，国家农业农村部表示正在积极研究，适时修订《农业转基因生物安全管理条例》。

102. 转基因产品有标识吗，法律法规如何规定，我国怎样实行标识管理

《农业转基因生物安全管理条例》规定，在中华人民共和国境内销售列入农业转基因生物目录的农业转基因生物，应当有明显的标识。

按照《农业转基因生物安全管理条例》规定，列入农业转基因生物目录的农业转基因生物，由生产、分装单位和个人负责标识；未标识的，不得销售。经营单位和个人在进货时，应当对货物和标识进行核对。经营单位和个人拆开原包装进行销售的，应当重新标识。农业转基因生物标识应当载明产品中含有转基因成分的主要原料名称；有特殊销售范围要求的，还应当载明销售范围，并在指定范围内销售。

我国对转基因生物及产品实行按目录定性强制标识，凡是列入标识管理目录并用于销售的农业转基因生物，即使最终产品检测不出转基因成分，都必须进行标识。2002 年，原农业部发布了《农业转基因生物标识管理办法》，制定了首批标识目录，包括转基因大豆、玉米、油菜、棉花、番茄等 5 类作物 17 种产品，分别是：①大豆种子、大豆、大豆粉、大豆油、豆粕；②玉米种子、玉米、玉米油、玉米粉；③油菜种子、油菜籽、油菜籽油、油菜籽粕；④棉花种子；⑤番茄种子、鲜番茄、番茄酱。标识形式有以下 3 种："转基因 ××""含有转基因 ××"及"由转基因 ×× 加工，但已不含有转基因成分"。

当然,强制标识与转基因的安全性无关,因为只要是被批准上市的转基因食品均已进行了严格的安全评价,其主要目的是给予消费者充分的信息,以保障消费者的知情权和选择权。

各国对转基因生物及产品的标识管理制度不同。含转基因成分的加工食品市场占有率 70% 以上的美国,一直实行自愿标识制度。欧盟则采取定量标识制度,规定所有产品中凡转基因成分≥0.9% 的必须标识。日本采取按目录定量标识制度,在目录范围内的产品,日本对转基因成分≥5% 的进行标识。

103. 我国市场上目前有哪些转基因产品

我国目前商业化种植的转基因农作物只有自主研发的抗虫棉和抗病毒番木瓜,批准的进口安全证书仅包括国外公司研发的大豆、玉米、油菜、棉花、甜菜等 5 种作物,主要是有关抗虫和抗除草剂两类性状的。进口的农业转基因生物仅批准用作加工原料,不允许在国内种植。比如进口的转基因大豆,用于生产豆粕与大豆油,豆粕只允许用于饲料。值得注意的是,大豆油的成分是脂肪酸,不含任何蛋白质和核酸物质,因此实际上并不含转基因成分,只是按照我国转基因产品标识管理制度,仍需作出标识。

关于网上流传的圣女果、紫薯、彩椒、紫甘蓝、紫土豆等属于转基因食品的言论,都是谣言,不可相信。

104. 什么是保健食品

保健食品,是指声称具有保健功能或者以补充维生素、矿物质等营养物质为目的的食品。即适宜于特定人群食用,具有调节机体功能,不以治疗疾病为目的,并且对人体不产生任何急性、亚急性或慢性危害的食品。

保健食品的本质属性仍是食品,是一类对特定人群具有一定调节机体作用的特殊食品。

105. 保健食品与普通食品有何区别

(1) 功能:保健食品可以声称具有调节机体功能、改善体质的作用,而普通食品通常是为人们提供能量和营养物质,并不强调特定功能。

(2) 用量:保健食品一般有规定的食用量及特定的食用范围,普通食品没有食用量要求,也无特定的食用范围。

(3) 人群:保健食品一般针对特定人群,有特定适宜人群和不适宜人群,普通食品则没有区分。

106. 为什么保健食品不能代替药品

《中华人民共和国食品安全法》第七十八条规定,保健食品的标签、说明书不得涉及疾病预防、治疗功能,并声明“本品不能代替药物”。包括保健食品在内的所有食品都不具有预防和治疗功能,不能用于治疗疾病。任何宣称保健食品可以预防治疗疾病的行为均属于违法行为。

保健食品与药品在功能目的、服用安全性、适宜人群和用法上都有所区别。

(1) 功能目的:保健食品不以治疗疾病为目的,具有调节机体功能、改善亚健康、增强抵御疾病能力、降低发病风险的作用;药品则是以预防、治疗、诊断疾病为目的,并且有规定适应证。

(2) 服用安全性:保健食品要求在规定食用范围和食用量内长期服用,对人体不产生任何急性、亚急性或者慢性危害;药品允许有毒副作用。

(3) 适宜人群:保健食品是针对特定人群;药品用于患者。

(4) 用法:保健食品仅通过口服食用或饮用;而药品有多种给药途径,除了口服还可以注射、涂抹等。

107. 保健食品与保健品是一回事吗

我们通常所说的保健品与保健食品其实不是一个概念。国家市场监督管理总局于 2018 年 10 月 9 日在其网站发布的《食品保健食品欺诈和虚假宣传整治问答》中明确了保健食品与保健品的区别。保健食品具有明确的法律定位,其监管法律依据为《中华人民共和国食品安全法》,产品属性为食品。而“保健品”没有明确的法律定义,一般是对人体有保健功效产品的泛称,许多媒体报道中涉及的保健品,实则是内衣、床垫、器械、理疗仪、饮水机等,而非食品或保健食品。

109. 选购保健食品时重点注意什么

(1) 认准“蓝帽子”标志:我国对保健食品实行注册与备案管理,并设定了保健食品专用标志。标志为天蓝色,整体造型呈帽形,俗称“蓝帽子”。

只有经过原卫生部或原国家食品药品监督管理总局和现国家市场监督管理总局批准的保健食品,以及经原省级食品药品监督管理局和现省级市场监督管理局备案的保健食品产品标签上才能使用保健食品专用标志。“蓝帽子”一般在产品包装左上角。对于标签上没有“蓝帽子”标志却声称为保健食品的产品,消费者不要购买。

(2) 识别保健食品批准文号:保健食品批准文号就在“蓝帽子”标志下方。由于批准部门和管理制度不同又分为以下几种情况:

1) 国产保健食品注册号:2003 年以前的格式为“卫食健字(年份)第 ×××× 号”,“卫”代表中华人民共和国卫生部、“食”代表食品、“健”代表保健食品;2003 年 7 月—2017 年 5 月,格式为“国食健字 G 年份 ××××”,“国”代表国家食品药品监督管理局,“G”代表国产;2017 年 5 月至今,格式为国食健注 G 年份 ××××,“注”代表注册。

2) 进口保健食品注册号:2003 年以前格式为“卫进食健字(年份)第 ×××× 号”或“卫食健进字(年份)第 ×××× 号”,“进”代表进口;2003 年 7 月 ~2017 年 5 月,格式为“国食健字 J 年份 ××××”,“J”代表进口;2017 年 5 月至今,格式为国食健注 J 年份 ××××,“注”代表注册。

3) 国产保健食品备案号:食健备 G+4 位年代号 +2 位省级行政区域代码 +6 位顺序编号。

4) 进口保健食品备案号:食健备 J+4 位年代号 +00+6 位顺序编号。

大部分保健食品的相关产品信息都可以在原国家食品药品监督管理总局网站(http://www.samr.gov.cn/tssps/bjsp/)查询。消费者在购买保健食品时,注意识别批准文号,那些标注不规范、冒用保健食品标志以及伪造保健食品文号的产品不要购买。

(3) 查看销售场所资质:选购保健食品要到证照齐全的正规场所如正规的商场、超市、药店等经营企业,并注意其有没有营业执照和食品经营许可证。如果是通过网络、会议、电视、直销和电话等方式购买产品,也应先确认其资质信息。并且,购买时索要发票和销售凭据。

(4) 分辨虚假广告与宣传,警惕保健食品骗局:近些年,保健食品市场虚假广告、夸大宣传和欺诈行为屡禁不止,消费者在购买时一定要科学、理性看待保健食品广告。违法宣称疗效,“药到病除”的保健食品,一律不要购买;广告中未声明“本品不能代替药物”的保健食品,一律不要购买;违法添加有毒有害化学物质,制造虚假功能效果的保健食品,一律不要购买。同时,消费者还要警惕保健食品营销骗局,避免那些“免费”陷阱,像是免费体检、免费赠送以及免费的健康咨询、健康讲座、专家义诊等。很多免费活动都是以产品营销为目的,消费者一定要擦亮眼睛,不要盲目参加。

(5) 发现受骗,及时投诉举报:消费者如果发现有虚假宣传保健食品具有预防、治疗疾病功能的,或者对所购买的保健食品质量安全有质疑,可及时向当地市场监管部门举报或投诉,也可拨打投诉举报电话:12315。国家市场监督管理总局将依法处置。

109. 普洱茶会不会产生黄曲霉毒素

大量实验研究表明,普洱茶在生产加工和卫生环境良好的储存陈化过程中不会产生黄曲霉毒素。

虽然黄曲霉在自然界中普遍存在,普洱茶中也可能携带,但黄曲霉毒素的产生并不是那么容易,需要满足特定的物质条件和环境条件。黄曲霉必须作用于蛋白质、淀粉、油脂等营养物质才有可能产生黄曲霉毒素。富含这些营养物质的食物有大米、玉米、食用油、花生等。而普洱茶中蛋白质、淀粉、脂肪的含量极少,并且在发酵和后熟的过程中,这些微乎其微的蛋白质被水解成氨基酸,淀粉转化为游离糖进一步生成醇类、酯类等,脂类物质则经过多酶体系作用也转化为醇类,成为芳香物质。因此,普洱茶基本不具备生成黄曲霉毒素的必要物质条件,本身不会产生黄曲霉毒素。不仅如此,有研究表明,普洱茶中的茶多酚以及发酵过程中的优势菌——黑曲霉对黄曲霉的生长与黄曲霉毒素的生成都有明显抑制作用。

110. 为什么有些普洱茶会有黄曲霉毒素检出

普洱茶本身不会产生黄曲霉毒素。湿仓普洱茶中黄曲霉毒素的高检出其实是湿仓仓储条件恶劣,茶叶受到二次污染所致。

2011 年，发表的《广州某茶叶市场普洱茶中多种生物毒素污染现状调查》和 2013 年发表的《渥堆中普洱茶品质形成及陈化中真菌毒素状况的研究》两篇论文，其中所采集的普洱茶样品黄曲霉毒素的检出率均为 100%，且分别有 11.43% 与 11.57% 的样品黄曲霉毒素 B_1 的浓度超过 5 微克 / 千克。这两篇文章中的普洱茶样品均是湿仓储藏的普洱茶。所谓湿仓普洱茶是指放置于高温潮湿（如沿海湿热地区）或阴凉潮湿（如地下室、地窖、防空洞等）的仓库中完成陈化的普洱茶，这种温暖湿润的环境能加快普洱茶的“后发酵”，可以在较短时间内获得陈化较好的茶叶。但“湿仓”的最大问题是环境卫生问题。环境卫生不达标的“湿仓”，茶叶和仓储环境存在被食品碎屑等杂物（尤其是花生、玉米等富含油脂和淀粉的食物）污染的问题，在高温高湿的环境下，黄曲霉作用于这些食品杂物，生成黄曲霉毒素，进而污染茶叶。

111. 喝普洱茶会不会增加致癌风险

虽然黄曲霉毒素是确定的强致癌物，长期暴露能够增加肝癌的患病风险，但茶叶中检测到黄曲霉毒素并不能说明喝普洱茶会增加患癌风险。

根据目前监测结果，大部分普洱茶中都未检出黄曲霉毒素，少量有检出的，其含量也较低，只有极个别超过 5 微克 / 千克。假设一个人每天冲泡 10 克茶叶，按 5 微克 / 千克的浓度计算，其中含有的黄曲霉毒素总量为 0.05 微克。而黄曲霉毒素本身微溶于水，茶水中的含量其实远低于 0.05 微克，人们通过饮用茶水实际摄入的黄曲霉毒素的量也远低于茶叶中的含量。广东省疾病预防控制中心曾经对常见发酵茶（包括黑茶、红茶、乌龙茶）中黄曲霉毒素 B_1 进行暴露评估，结果发现广东省总人群和茶叶消费人群通过饮用茶水摄入的黄曲霉毒素 B_1 含量很低，分别为 0.000 352 纳克 / 千克体重和 0.000 981 纳克 / 千克体重，这也说明通过饮用茶叶水摄入的黄曲霉毒素 B_1 引发肝癌的风险较低。事实上，花生、小麦、大米、玉米这些粮食作物更容易受到黄曲霉毒素的污染，相比粮食，茶叶中黄曲霉毒素的污染微不足道。

因此，喝普洱茶致癌是谣传。消费者在选购普洱茶时，尽量通过正规商超渠道，并且避免选择过于便宜的产品，同时注意观察纸包上有无水渍、茶饼是否明显发霉（比如有霉点、起白霜）、是否有异味（比如霉味）等。购买的普洱茶产品也应存放在干燥通风的环境中，冲泡时注意观察茶汤状况，如果茶汤不清亮，甚至闻起来有霉味，就不要再喝了。

112. 食盐中添加的亚铁氰化钾是什么

亚铁氰化钾是一种合法的食品添加剂。我国《食品安全国家标准 食品添加剂使用标准》(GB 2760—2014)中明确规定,亚铁氰化钾作为抗结剂只能应用在盐及代盐制品中,最大使用量是 0.01 克 / 千克。而抗结剂的作用是防止食盐结块、变质。亚铁氰化钾很稳定,不容易分解出有毒物质,所以主要用于医药、颜料、鞣革、冶炼和化学工业的重要原料。

113. 亚铁氰化钾与氰化钾有关系吗

很多人一看到“亚铁氰化钾”这几个字,就会把注意力放在“氰化钾”上。其实亚铁氰化钾和氰化钾差别非常大。氰化钾确实是一种剧毒物质,但是它和食盐中的亚铁氰化钾完全不同。氰化钾里面的氰根是可以游离出来产生毒性,但是在亚铁氰化钾里面,氰根与铁离子结合十分紧密,化学性质很稳定,不会释放有毒的氰化物。氰化钾是剧毒物,但是亚铁氰化钾基本上就是一个低毒或者无毒的东西。

亚铁氰化钾的化学性质很稳定,不会轻易释放有毒的氰化物。亚铁氰化钾受热如果要分解出氰化钾,只有温度达到 400℃以上才会分解,而一般家庭烹饪的温度远远达不到这个温度,食用油的烟点基本在 230℃以下,花生油的烟点更是在 160℃,到 330℃时不粘锅的涂层都会开始融化。如果达到 400℃,菜基本上都烧焦了,也不会有人吃了。

假设有一天,某个人在做菜时,食盐里的亚铁氰化钾全都被“神奇”地分解并产生了氰化钾。根据一个成年人中毒致死大约需要 0.1 克以上氰化钾的剂量计算,国家标准规定 1 千克食盐里面的亚铁氰化钾最多为 0.01 克(即 10 毫克 / 千克),那么这个人需要在一顿饭里食用至少 20 斤盐才可能中毒致死。

114. 食盐中添加了亚铁氰化钾还能不能吃

亚铁氰化钾作为食物抗结剂,只要在标准内合法添加,不会影响人体健康。实际上,根据世界卫生组织和国际粮农组织的数据,亚铁氰化钾要造成人类健康的负面效应,成年人至少每天要摄入 1.5 毫克的亚铁氰化钾,那么

按照我们国家标准规定这个量来推算的话，相当于一个 60 千克重的人每天至少要吃 150 克盐，才有可能吃出问题。而我们中国膳食指南推荐每日食盐摄入量是不超过 6 克，正常人一天吃的食盐能到 20 克的话，就已经非常非常咸了。

115. 国外的食盐不放亚铁氰化钾吗

亚铁氰化钾作为国际通用的抗结剂，国外很多国家也允许食盐中添加亚铁氰化钾。国际食品法典委员会、欧盟、美国、日本、澳大利亚和新西兰等国家都允许亚铁氰化钾作为食品添加剂使用，并不只是中国的食盐才有，而且中国的标准比欧美等地区的标准更严。中国食品添加剂标准中亚铁氰化钾的最大使用量为 10 毫克 / 千克，而欧盟和日本对亚铁氰化钾的最高允许用量为 20 毫克 / 千克，是中国限量值的 2 倍，美国也提出食盐中可以加入 13 毫克 / 千克以下的亚铁氰化物，都比中国 10 毫克 / 千克的限制要宽松。

亚铁氰化钾是一种全球范围内得到广泛认可的低毒抗结剂。世界卫生组织在对抗结剂成分安全性进行的分析中表明，亚铁氰化钾是很安全的添加剂。荷兰的一项实验研究，在对实验狗注射了 1 000 毫克(超过 100 千克食盐中含量)的亚铁氰化物后发现，其中绝大部分(94%~98%)的亚铁氰化物都会在 24 小时内通过尿液排出体外，没有在体内形成积累，验证了这种成分的长期安全性。

116. 咖啡中的丙烯酰胺是什么

丙烯酰胺在很多食物中都存在，它是食物发生“美拉德反应”(美拉德反应：让食物变得焦黄并散发出独特香气)时的副产物。笼统来说，就是食物中的碳水化合物和蛋白质，在超过 120℃的高温烹制过程中“顺带”产生的一种物质，同一种含淀粉食物，热烹调后颜色越深重，香味越浓郁，丙烯酰胺的产量就

会越高。

丙烯酰胺虽不属于高毒物质，却是潜在致癌物质。丙烯酰胺在1994年被国际癌症研究中心列为2A类致癌物，属于2A类致癌物同一类别的，还有猪、牛、羊肉等红肉，以及熬夜。大量动物实验表明，长期大量摄入丙烯酰胺可能增加患癌风险。此外，丙烯酰胺能够造成神经系统损伤，也有一些流行病学研究表明，丙烯酰胺与肾癌、头颈部肿瘤有关。

虽然动物实验表明，丙烯酰胺具有潜在的神经毒性、遗传毒性和致癌性，不过，目前的研究只停留在动物实验阶段，还没有充分证据表明在人类身上具有同样危害。人类的研究尚未确认丙烯酰胺的摄入量、相关生化标志物水平与多种癌症风险之间的关联，因此，还不能说只要摄入丙烯酰胺，就一定会增加致癌危险。

根据2010年发表在《食品与化学毒物学期刊》上的一项研究提供的数据，丙烯酰胺的致癌剂量为每千克体重2.6~16微克/天。姑且用最保守的数字来估算一下：一个60千克体重的成年人，每天摄入2.6微克×60=156微克，也就是12千克咖啡，才会喝到致癌剂量（煮咖啡丙烯酰胺平均剂量13微克/千克，数据来源：中国国家食品安全风险评估中心）。

117. 除了咖啡还有哪些食物中含有丙烯酰胺

丙烯酰胺在人们日常饮食中十分常见，在中国的饮食习惯中，咖啡根本不是主要来源。只要食物原材料富含碳水化合物和蛋白质，经过高温（>120℃）油炸、高温烧烤，发生美拉德反应后就会产生。比如：油条、麻花、饼干、面包、薯片、薯条、烤肉、烤鸡翅、烤肠……大量的食物可能都含有丙烯

酰胺，越是颜色发黄、发褐、发焦的，丙烯酰胺含量越高，而且远远大于一两杯咖啡的含量。

国内外检测发现，三类食物丙烯酰胺最易超标。一是炸薯片、炸薯条、炸土豆丝等油炸薯类；二是油条、麻花等油炸面食；三是饼干、曲奇、薄脆饼等焙烤食品。

此外，人们爱吃的烤肉、烤鸡翅、烤鸡腿、烤肠、烤串，也都含有丙烯酰胺。并且同属于二级致癌物同一类别的，还有常吃的猪、牛、羊肉等红肉。所以，考虑到中国人的饮食习惯，与其担心咖啡中那点量，还不如少吃点油条、炸鸡块之类的油炸食品。

118. 草莓的诺如病毒是从哪儿来的

虽然现在市面上有着各式各样的肥料，已不像以前全靠粪便来施肥，但是也不乏有的种植者仍使用动物的粪便来进行施肥，更符合时下流行的“有机”概念。然而，如果这些粪便里正好含有诺如病毒，那么草莓就不幸变成了“带菌者”。同时，有些种植者也会引用污水为草莓园灌溉，如果污水中也恰巧含有诺如病毒，那么草莓同样容易“中招”，变成一个病毒的传染源。所以，其实不只是草莓，只要是伏地生长的蔬菜或水果都有感染到诺如病毒的可能！

多数情况下，诺如病毒是附着在食物上，尤其是生吃的蔬菜、水果和饮用水，然后被吃到肚子里。草莓的成熟季节与诺如病毒高发季节有交集，而草莓又是直接生吃的水果，也就很容易成为诺如病毒传播的载体。看似干净的草莓，由于表面凸起颗粒会形成很多微小的凹部，很易附着灰尘、细菌、病毒甚至农药残留，而这些很多是肉眼所不能识别出的。“不打农药”“有机种植”并不是安全的保障。草莓园现摘的草莓一定要彻底清洗后再食用。

119. 草莓应该如何清洗

用流动水冲洗。将草莓浸泡在水中，草莓表面的有毒有害物质会溶解在水中，再被草莓吸收，并渗入果实内部。所以，洗草莓要先用流动水冲洗，这样可把草莓表面的病菌、农药及其他污染物除去大部分。

用淡盐水或淘米水浸泡。流动水冲洗后的草莓也不要马上吃，最好再用淡盐水或淘米水浸泡 5 分钟，再用流动水冲净淘米水和淡盐水以及可能残存

的有害物。

不要摘草莓蒂。洗草莓时，注意不要把草莓蒂摘掉，去蒂的草莓若放在水中浸泡，残留的有害物质会随水顺着草莓蒂进入果实内部，造成更严重的污染。

不要用清洁剂。用洗涤灵等清洁剂浸泡草莓，这些物质很难清洗干净，容易残留在果实中，造成二次污染。

八、分类食品常见食品安全问题

食物种类繁多，从原始社会简单的肉类、鱼类，伴随着劳动发展出现的粮谷类，继而随着现代工业的发展出现的调味品类、乳制品类，多种多样的食物是人类生存的基本需要，供养着我们，为我们提供不同来源的营养素。但不可否认，因生长方式不同，所处环境、加工形式各异，不同食物也会被不同的物质所污染，针对一类食物，总有一类特异的污染物质出现在这一类食物中。粮谷类食物最容易发生霉变和重金属污染，肉类容易腐烂变质，海鲜容易被细菌污染，蔬菜存在农药残留等诸如此类的问题，老百姓也有所耳闻。本部分从不同食物种类最容易出现的食品安全问题入手，详细介绍了十多种日常生活中经常食用的食物种类相关的食品安全现象及问题。

（一）粮 谷 类

120. 霉变的面粉还能吃吗

从健康角度考虑，不建议食用已经发霉的面粉。

面粉一旦受到霉菌污染，不仅颜色、味道发生改变，其中的营养物质也遭到破坏，食用价值降低。如果勉强继续食用发霉面粉，霉菌及其毒素进入人体后还可能引起急慢性中毒甚至癌变。面粉发生霉变后，一部分霉菌会产生代谢物，也就是霉菌毒素，其中就有大家比较熟悉的黄曲霉毒素。黄曲霉毒素主要损害人及动物的肝脏组织，表现为肝细胞核肿胀、脂肪变性、出血、坏死及胆管上皮、纤维组织增生，严重时可导致肝癌甚至死亡，肾脏也可受损害，还会降低免疫能力。对于像黄曲霉毒素这样的霉菌毒素来说，一般都耐高温，达到280℃才能破坏其化学结构，而一般家庭加工食品都很难达到这个温度，一旦食用就存在潜在风险，因此消费者如果发现面粉霉变应立即丢弃。

121. 米粉中可能使用的“吊白块”是什么东西

米粉是中国南方地区非常流行的美食，是以大米为原料，经水洗、浸泡、粉

碎或磨浆、糊化、挤丝或切条和烘干等一系列工序所制成的细丝状或扁宽状米制品。为了使米粉看起来更白、吃起来更有韧性，一些不法商贩可能会在米粉里添加“吊白块”。

“吊白块”又称雕白块、雕白粉，化学名称为甲醛次硫酸氢钠，易溶于水，主要用于印染工业作为漂白剂、还原剂等，生产靛蓝染料、还原染料等，还用于合成橡胶、制糖以及乙烯化合物的聚合反应。该物质常温下较稳定，在60℃以上的水溶液中可分解出甲醛、二氧化硫、硫化氢等有害物质。尤其是甲醛，对人体健康的危害极大，主要表现在对人眼、鼻等有刺激作用、过敏、肺功能异常、肝功能异常和免疫功能异常，被世界卫生组织确定为可疑致癌和致畸性物质，长期接触高浓度甲醛的人，可引发肺癌、皮肤癌，鼻腔、口、咽喉癌和白血病。

掺加“吊白块”，可使米粉色泽白净，具有很强的弹性和韧性，不易煮成糊状，同时还能防腐。

国家严禁“吊白块”在食品中使用。原卫生部发布的《食品中可能违法添加的非食用物质名单(第一批)》将“吊白块”列入非食用物质，被排除在法定食品添加剂之外，国务院有关部门也曾明文禁止在食品中使用“吊白块”等非法添加物。

(二)蔬 菜 类

122. 蔬菜中的主要污染物有哪些

目前我国蔬菜中的主要污染物是农药残留、重金属等,微生物污染问题也开始引起重视,但由于我国消费者食用蔬菜绝大部分是熟食,烹调过程可以使微生物失活,只要不食用未经加热的蔬菜或在食用前充分洗净,微生物污染对人体的危害基本可以避免。

(1) 农药残留:有机磷和氨基甲酸酯类农药残留最引人关注。长期进食农药污染的不合格蔬菜可能会产生健康危害。

(2) 蔬菜中重金属主要来源于工业"三废"的排放及城市垃圾、污泥和含重金属的化肥、农药,有毒重金属主要指镉、铬,另外还有汽车尾气造成的铅污染。虽然重金属的污染一般不会引起急性中毒反应,但其长期积累会给人类健康带来潜在威胁。

123. 如何最大限度地保存蔬菜中的维生素

蔬菜是我们获得维生素的重要来源。《中国居民膳食指南(2016)》推荐,成人每天要吃300~500克蔬菜,以保证摄入足够的营养。但是,蔬菜在加工、烹调过程中,由于方法不当往往会造成大量的营养损失。下面是一些有利于保存蔬菜中维生素的小窍门:

(1) 现购现吃:蔬菜越新鲜维生素C含量越高,储存过久,蔬菜中的氧化酶会使维生素C氧化而流失。

(2) 先洗后切:如果先切后洗,蔬菜切断面溢出的维生素会溶于水而流失。切好的菜还要迅速烹调,放置稍久也易导致维生素C的氧化。

(3) 急火快炒:维生素C会因加热过久而严重破坏,急火快炒可以减少维生素C的流失。

(4) 淀粉勾芡：烹调中可加入少量淀粉，淀粉中的谷胱甘肽有保护维生素C的作用。

(5) 焯菜水要多：焯菜时应火大水多，在沸水中迅速翻动便捞出，这样可减少维生素C的破坏。

(6) 忌铜餐具：餐具中的铜离子，在烹调或装菜时可使蔬菜中的维生素C氧化加速。

124. 水培蔬菜安全吗

水培也叫“水耕”，是无土栽培的一种形式，它是一种通过特定设施营造相对封闭、能储存营养液的环境，并使植物根部生长所需的水、肥、气、热等条件保持相对稳定，全部或部分根系“浸泡”在营养液中的栽培方法。

已知植物生长必需17种矿物质元素，不同作物会有增补或调整，蔬菜也同理。水培蔬菜营养液是根据自然生长状态下不同蔬菜作物对养分的需求规律，利用一些化学肥料进行精确配制成的，从而更合理、有效地为蔬菜生长提供养分，它与土壤里有效养分的组成没有本质区别，土壤中大多数的养分也须经过微生物的转化或其他化学转化形成离子形态才能被蔬菜吸收。

水培蔬菜在营养液等相对有保障的环境中成长，因此完全不含土壤重金属等有害物质，产品相对土壤种植更加安全。

125. 有虫眼的蔬菜就没有农药残留吗

有些消费者认为有虫眼的蔬菜相比那些外观完整的蔬菜更安全，说明没有使用农药，这其实是一个消费误区。蔬菜有没有虫眼并不能作为蔬菜是否安全的标志。

有很多虫眼只能说明曾经有过虫害，并

不能表示没有喷洒过农药。如果蔬菜幼小时叶片留下了虫眼，虫眼反而会随着叶片增大。有时候虫眼多的蔬菜，菜农为了杀死这些害虫反而喷药会更多。害虫同样具有抗药性，一旦产生抗药性，菜农往往需要加大剂量才会有效果。所以，看蔬菜是否有农药残留不能只看它有没有虫眼。

（三）肉与肉制品类

126. "问题肉"是指哪些肉，应如何避免

（1）注水肉：注水肉是人为加了水以增加重量牟利的生肉，是近年常见的一种劣质产品。主要见于猪肉和牛肉。可以通过屠宰前一定时间给动物灌水，或者屠宰后向肉内注水。注水可达净重量的15%~20%。注水肉颜色一般比正常肉浅，表面不黏，放置后有相当的浅红色血水流出。造成的问题包括：违反食品安全法规、损害消费者权益、降低肉类的口感质量、所注水的卫生问题等。

识别方法：①观肉色：正常肉呈新鲜的红色或淡红色，且富有弹性，以手按压很快能恢复原状，且无汁液渗出；而注水肉呈红色，严重者泛白色，以手按压，切面有汁渗出，且难恢复原状。②观察肉的新切面：正常的肉新切面光滑，无或很少汁液渗出；注水肉切面有明显不规则淡红色汁液渗出，切面呈水淋状。③吸水纸检验：用干净吸水纸，附在肉的新切面上，若是正常肉，吸水纸可完整揭下，且可点燃，完全燃烧；若是注水肉则不能完整揭下纸，且揭下的吸水纸不能用火点燃，或不能完全燃烧。④注水肉通常水分非常大，肉内的水会不断渗出，如果看见小贩不停地擦柜台上的肉，那这块肉也很可能是注水的。

(2) 病死肉：病死肉是指由于发病或者在摄入农药、灭鼠药、重金属等有毒物质后造成死亡的禽畜肉。病死禽畜肉是不能食用的，但是一些养殖户因利益的驱使，将病死禽畜肉卖给非法屠宰场，非法屠宰场将病死禽畜肉分割、绞碎，伪造检验合格证，盖上合格证后销售到市场上供消费者购买，会对消费者的生命健康造成极大威胁。

辨别方法：首先是看颜色。好的猪肉颜色呈淡红或者鲜红，不安全的猪肉颜色往往是深红色或者紫红色。其次是看表皮。健康猪肉表皮无任何斑和痕；病死猪肉表皮上常有紫色出血斑点，甚至出现暗红色弥散性出血，也有的会出现红色或黄色隆起疹块。三是闻气味。新鲜猪肉具有鲜猪肉正常的气味；变质猪肉不论在肉的表层还是深层均有血腥味、腐臭味及其他异味。四是看弹性。新鲜猪肉质地紧密富有弹性，用手指按压凹陷后会立即复原；变质猪肉由于自身被分解严重，组织失去原有的弹性而出现不同程度的腐烂，用指头按压后凹陷，不但不能复原，有时手指还可以把肉刺穿。五是看脂肪。猪脂肪层厚度适宜（一般应占总量的 33% 左右）；新鲜猪肉脂肪呈白色或乳白色，有光泽；病死猪肉的脂肪呈红色、黄色或绿色等异常色泽。

(3) 私屠乱宰肉：指不按照国家法律要求对畜禽肉进行检验检疫，逃避国家市场监管，在非法屠宰点宰杀后，通过隐秘渠道流向市场。为了让老百姓吃上“放心肉”，一头猪从养殖到屠宰，整个过程都有严格管控，病死猪、有害猪、有非法添加剂违禁药物的猪肉，都不能流通到市面上。而私屠滥宰生猪却避

开了这些检验检疫关，食品安全风险非常大。消费者在购买猪肉产品时，不要购买私宰猪肉，要认准“两证两章”，即：在生猪上加盖动物检疫验讫印章、肉品品质检验验讫印章和《动物产品检疫合格证》及《肉品品质检验合格证》。

（4）僵尸肉：过期的或不合格的各类禽畜肉长期冷冻，已经失去营养价值，仍以冻肉名义销售。

127. 含有（亚）硝酸盐的火腿肠到底能不能吃

合格的火腿肠等肉制品，是可以放心食用的，但从营养角度来讲，不主张多吃。

火腿肠是人们喜爱的食物之一，生产商为了使火腿肠拥有良好的风味和色泽，向其中加入了各种食品添加剂，其中之一就是（亚）硝酸盐。作为火腿肠等肉类食品的护色剂，肉类腌制时加入亚硝酸盐和硝酸盐，硝酸盐在硝酸盐还原菌的作用下可转变为亚硝酸盐。亚硝酸盐再与肉中的乳酸作用产生亚硝酸，而亚硝酸不稳定，即使在常温下也可分解产生亚硝基，亚硝基很快与肉中呈现紫红色的肌红蛋白结合，生成鲜艳亮红色的亚硝基肌红蛋白，使肉制品保持稳定的红色。

在正常情况下，人体血液中高铁血红蛋白保持在稳定的低水平，当少量亚硝酸盐进入血液时，形成的高铁血红蛋白通过还原机制可自行缓解，不会表现出缺氧等中毒症状。但当进入血液中的亚硝酸盐过量，使得高铁血红蛋白的形成速度大于其还原速度，从而使其失去携氧与释氧能力，就会引起全身组织

缺氧,即产生亚硝酸盐中毒。人体亚硝酸盐的日允许摄入量为 0.13 毫克/(千克体重·天),摄入 0.3~0.5 克即可引起中毒,摄入 3 克可致死。

在我国和其他许多国家,都允许把亚硝酸盐作为食品添加剂,只要添加量不超过最大允许使用量就是安全的。国家对食品行业肉品加工中硝酸盐与亚硝酸盐的最大允许使用量及肉类制品中的残留量,都有明确的规定。消费者一定要购买正规食品企业生产的火腿肠。

(四)蛋及其制品

129. 松花蛋安全吗

符合国家标准且在保质期内的松花蛋是安全的。

松花蛋又称皮蛋,是中国传统食品之一。一般而言,就是在鸭蛋(或鸡蛋)外面裹一层草木灰,其中加了一些石灰之类的碱性物质,放置一段时间后,蛋白部分变成凝胶状,而蛋黄部分也凝固变色。一般用鸡蛋做的松花蛋,蛋白会呈透明金黄,带有雪花斑点,蛋黄呈黄色。用鸭蛋做的,蛋白一般发黑且不透明,蛋黄呈墨绿色,有松花斑点。

需要注意的是,传统工艺制作的松花蛋含铅量较高,这是因为其制作过程会用到氧化铅,这种物质会起到密封效果,能让松花蛋表面的小孔堵住,从而阻止强碱进一步与蛋白质发生化学反应。随着工艺进步,2008 年后,国家出台了松花蛋新标准,规定了其中铅的含量。

近些年,正规厂家制作松花蛋已经开始使用“无铅工艺”,也就是利用氯化锌或者硫酸铜代替氧化铅,在减少铅含量的同时,也可以起到封住洞孔的功效。根据国家市场监督管理总局近几年公布的信息,抽检的松花蛋制品很少铅超标。总之,只要是符合国家标准的松花蛋,都可放心食用。

购买松花蛋要通过正规途径，选择包装完整、表面灰白、黑斑少、无裂纹的产品。松花蛋应放在温度较低的阴凉通风处，保存时间不要超过一个月。剥开的松花蛋最好在2小时内吃完。如果松花蛋的蛋白呈浅绿色，闻着有恶臭味，说明变质了，不能食用。

129. “红心鸭蛋”的来历是什么

一些养殖场人为将工业染料苏丹红（Ⅰ、Ⅱ、Ⅲ、Ⅳ号）加入到饲料中，蛋鸭长期食用这种饲料后，蛋黄变红，鸭蛋生产经营者可将其充当土鸭蛋出售，牟取暴利。这是典型的在饲料和养殖环节添加违禁药物及其他化学物质的违法行为。

工业染料苏丹红（Ⅰ、Ⅱ、Ⅲ、Ⅳ号）这类染料属于三类致癌物。

130. 鸡蛋在哪些环节会被哪些微生物污染

鸡蛋很容易受到有害微生物的污染，鸡蛋中的微生物主要来自两个途径：一是产前污染；二是产后污染。

产前污染主要是指在产蛋前，鸡已经患某些传染病，病原微生物经血液进入卵巢，或者鸡采食有一定量的病原微生物污染的饲料引起的。因此，在蛋的形成过程中受到这些病原微生物的污染。例如蛋鸡感染鸡白痢、禽副伤寒等沙门氏菌时，或者采食被沙门氏菌污染的饲料，产出的蛋中常携带有沙门氏菌，消费者生吃这些鸡蛋容易引起沙门氏菌病或食物中毒。在欧洲、美国及日本等发达国家，鸡蛋中含有病原微生物的污染，特别是沙门氏菌和致泻性大肠埃希氏菌所引起的感染事件屡有报道。

产后污染主要指在蛋的收购、运输和储藏等环节受到污染。蛋在收购、运输、储藏过程中还可因人手及装蛋容器上的微生物污染致使蛋壳表面带有大量微生物。蛋壳表面所携带的鸡粪、饲料粉尘、灰尘、血迹等容易滋生微生物。

鸡蛋的外蛋壳膜、内蛋壳膜和蛋白膜对防止外来的微生物入侵具有一定的防御能力，蛋白中的溶菌酶能杀灭侵入蛋液里的各种微生物，但防御功能随着贮存时间的延长而逐渐下降。由于鲜蛋进入流通领域一般都有一段时间，在这个过程中容易受各种环境的影响，外界微生物通过蛋壳气孔或裂纹侵入蛋内，在蛋内大量繁殖，引起鸡蛋变质。

鸡蛋的变质程度与蛋壳污染程度和所带的菌数呈极显著正相关。鸡蛋变质的最初特征是蛋白变稀，呈淡绿色，并逐渐扩大到全部蛋白，系带变细，蛋黄贴近蛋壳，蛋黄膜破裂，蛋白和蛋黄相混，蛋白变蓝或变绿，产生腐臭味，蛋黄变成褐色。

（五）乳制品类

131. 奶粉用金属材质罐装安全吗

目前市场上销售的奶粉包装主要有金属罐和铝箔 PE 软包装两种形式，一些从国外原装进口的奶粉产品还有纸盒包装。

金属罐包装属于非营养性基质，密封性好，保质期长，是很多厂家首选的包装形式，其污染、滋生微生物的风险较低。但近几年来有关奶粉中重金属如铅、铬、汞、砷超标的安全问题甚嚣尘上，引起不少家长的恐慌。其实，奶粉中的重金属主要来自自然界。在工业污染地区，空气、土壤和水源中都可能含铅等重金属，制造奶粉的原料、水，可能会带入重金属。金属罐包装迁移带入的重金属并不多。奶粉罐作为婴儿食品的包装容器，属于食品相关产品。《食品安全国家标准 婴儿配方食品》（GB 10765）《食品安全国家标准 食品接触用纸和纸板材料及制品》（GB 4806.8）和《食品安全国家标准 消毒餐（饮）具》（GB 14934）都对其中的重金属指标进行了具体规定。

132. 有机奶粉更安全吗

在消费者对食品安全极度敏感的背景之下，有机奶粉极力宣扬“更天然、

更营养、更安全”，自然也就有了很大的号召力。然而，事实真的如此吗？所谓“有机食品”，总体上有两条要求：一是按照有机农业的生产体系进行生产和加工；二是经过独立的认证机构认证。

“有机农业的生产体系”按世界各国制定的规范不尽相同，一般都要求不使用合成农药、化学肥料、生长调节剂、抗生素以及转基因品种等。从常规农业转化成有机农业，还需要一段“有机转换期”，期间执行有机生产规范，但产品也不能称为“有机产品”。跟普通奶粉相比，有机奶粉要求牛奶原料来自于有机奶牛，后续的加工过程满足有机规范，其他主要原料比如植物油和乳糖也要来自于有机产品，最终有机原料的含量达到 95% 以上。

简而言之，有机奶粉的化学农药残留可能要低于常规奶粉，但只要是合格的奶粉，不管是有机的还是普通的，残留量都会低于国家标准限量。有机奶粉跟普通奶粉的区别，就是价格贵。这个“贵”，并不是因为它“更安全”或者“更营养”，而是因为它的生产成本更高，营销开销更大，以及生产规模小，所以需要更高的利润率。

133. 进口奶粉更安全吗

进口奶粉在我国受欢迎的一个重要原因，是过去一段时期内我国食品安全问题的频频发生引起了国内消费者的恐慌，部分消费者对我国奶粉产生不信任和排斥心理，转而把目光集中在进口奶粉上。因此我国进口奶粉在品种和数量上有逐年增加的趋势。

通常进口奶粉的生产加工过程

除部分产品需要在境内包装外，其余工序均在境外完成。我国的相关监督管理部门无法对其养殖、生产加工过程、运输等条件进行监控，加之不同输出国的食品安全管理水平参差不齐，以食品为载体传入动植物疫病或对消费者健康构成潜在危害的风险客观存在。近年来，我国多次在进口环节发现进口奶粉质量和包装不合格等情况。2013 年 5 月，德国、新西兰多个品牌的婴幼儿配方奶粉均因产品不合格被我国出入境检验检疫机构销毁。可以看出，消费者一味追求的高品质、高档次、高消费的进口食品也存在质量安全问题。

134. 奶粉包装上常见的"麦芽糊精"是什么，安全吗

麦芽糊精的原料是含淀粉质的玉米、大米等，被广泛应用在糖果、麦乳精、果茶、奶粉、冰激凌、饮料、罐头及其他食品中，是各类食品的填充料和增稠剂，在食品行业用途非常广泛。它加入奶粉后能使产品体积膨胀，不易结块，速溶，冲调性好，延长产品货架期。但是在婴儿奶粉中过量添加麦芽糊精，必然会降低其他营养素含量，造成营养不均衡。一般来说，麦芽糊精的含量占奶粉比例的 15% 以下，从一定程度来说对人体没有明显的害处。2010 年就曾发生某品牌奶粉涉嫌在 1 岁以上宝宝的奶粉中大量添加麦芽糊精，以此降低原料成本，最高添加比例达 30%~35% 的负面新闻。消息传出后全国各地消费者要求退货。

总之，麦芽糊精过量添加，虽然没有严重的食品安全问题，但势必对婴幼儿的健康造成影响，产生营养不均衡等问题。

135. 叶黄素添加到奶粉中安全吗

叶黄素也称植物黄体素，是一种广泛存在于玉米、蔬菜、花卉、水果和某些藻类等植物中的天然类胡萝卜素，尤其是在万寿菊的干花瓣中含有高浓度的叶黄素。叶黄素是眼睛视网膜黄斑部位最重要的色素之一，具有抗氧化性、安全无毒害等优点，能够有效地滤除阳光中导致视网膜损伤的蓝光，具有保护视力、增强免疫力、预防人体衰老、抗癌、延缓动脉硬化、修饰紫外线照射对皮肤造成的损伤等功能，尤其是能够预防老年性黄斑区病变。

人体自身不能合成叶黄素，必须从食物中摄取或额外补充。因此，为了提高某些特殊人群如中老年奶粉的保健功能，可以选用万寿菊来源的叶黄素（粉剂）直接添加到奶粉中，是安全可行的。

136. 复原乳是不是更安全

众所周知，酸奶对原料奶的要求较高，稍有药残、抗生素等问题就无法发酵，因此，一些乳制品企业为了质量稳定一直是用“复原乳”做酸奶。那么，复原乳是不是更安全呢？

复原乳是指把牛奶干燥成为浓缩乳或者乳粉，再适当加水制成与原乳中水、固体物相当比例的乳液。通俗地讲就是用奶粉勾兑还原的牛奶。就像消费者把中老年奶粉、婴儿奶粉等各类奶粉买回家去用水一冲，实际就是复原乳，这从营养和食品安全上看都不是问题。

但是，根据《食品安全国家标准 巴氏杀菌乳》（GB 19645）和《食品安全国家标准 灭菌乳》（GB 25190）的规定，鲜牛奶和纯牛奶不允许使用奶粉为原料进行冲兑，也不允许使用食品添加剂，酸牛乳和灭菌乳可以用复原乳作原料，而巴氏杀菌乳不能用复原乳。

中国乳制品工业协会指出，企业使用奶粉作为原料生产调制乳、灭菌乳等液态奶的，必须按照《乳品质量安全监督管理条例》和有关标准的规定，在产品包装上标明“复原乳”字样，并在产品配料中如实标明复原乳或乳粉所含原料及比例。复原乳按照要求标注了就是合法的。但有些生产企业却隐瞒真相，明明使用了复原乳为原料，却不标注，也没有在配料表中注明“水、乳粉”，有关部门必须加强监管。虽然复原乳营养如何有许多争议，但事实上国家标准对用复原乳为原料和用生鲜乳为原料生产的乳制品的营养要求是一样的，只是必须在标

签上标示清楚，尊重消费者的知情权。消费者可从标签来辨别复原乳。

近年来，国家食品安全监督管理部门持续加强对乳制品的质量安全监管和风险监测，严厉打击乳制品质量安全违法行为，严厉查处使用奶粉生产调制乳、灭菌乳不标注“复原乳”的标识违法行为。因此，如果复原乳按照要求标注了就是合法的、安全的，但与鲜牛奶、生牛乳相比，并不存在“更安全”的意义。

137. 羊奶粉比牛奶粉更安全吗

相较其他动物奶而言，在分子结构上，羊奶粉分子结构是与母乳最为接近的。所以，对于奶水不足的新妈妈而言，羊奶粉是个难得的替代品。羊奶含有丰富的乳清蛋白，这是牛奶没有的；羊奶的蛋白质含量比牛奶高82%，而且更容易吸收；羊奶含有促进细胞生长因子——上皮细胞生长因子，这也是牛奶没有的。羊奶的酪蛋白结构与牛奶中的不同：在羊奶中主要含α-2S酪蛋白、β-酪蛋白，这两种酪蛋白易被酵母分解；而牛奶中主要含α-1S酪蛋白，因此，对牛奶过敏和体质较弱的人群完全可以接受羊奶。

但是，目前羊奶粉市场主要问题是品牌良莠不一，100%纯羊奶粉占比低。作为奶粉的辅料原料，羊乳清粉全球生产与供应不足，在这种状况下，许多品牌不得不使用牛奶的乳清粉。在同一配方中出现有羊奶、牛奶两种不同种属来源的过敏原，对牛奶或羊奶其一过敏者就会有过敏的风险隐患。因此，消费者在购买时一定要擦亮眼睛，购买纯羊奶粉是最安全的。

138. 稻米油添加到婴幼儿奶粉中安全吗

稻米油是由稻米碾磨获得的米胚与糊粉层制取的一种植物油脂，长期以来被东亚和东南亚国家广泛使用，是一种安全的食用油脂。在欧美国家，稻米油作为一种高端植物油被推广，在日本被用作一种高端儿童食用油，稻米油现今已经成为西方发达国家的家庭健康食用油，连续几年被世界卫生组织推荐为最佳食用油，国家发改委公众营养与发展中心也认定稻米油为国家营养健康倡导产品，因此，稻米油是一种营养价值优良的植物油。

油脂和油脂食品的酸败主要是由油脂的氧化引起，油脂本身的氧化稳定性直接影响到油脂和油脂食品的氧化稳定性，影响到食品的货架期。有学者研究了稻米油对全脂奶粉的稳定作用，发现添加 0.1% 稻米油可以提高全脂奶粉的氧化稳定性。由于稻米油优良的营养价值和加工工艺的逐渐成熟，我国稻米油的产量逐年增加，稻米油在婴儿配方食品的应用将会越来越普遍。总之，稻米油在婴幼儿配方乳粉中的应用是安全的。

（六）水产类食品

139. “臭鱼烂虾”还能吃吗

沿海地区的老人们常说“臭鱼烂虾不伤人”，稍微坏点吃了没事。还有人拿其和虾酱比，既然虾酱吃了没问题，臭鱼烂虾也肯定安全。鱼虾等海鲜变质了真的能吃吗?

鱼虾变质与虾酱的制作过程有本质区别。既然叫“海鲜”，肯定是越新鲜越好。海鲜通常比肉类更容易变质，一旦腐败就会产生挥发性胺类物质，散发出异味，吃后很容易引发食物中毒。即使将臭鱼烂虾加热，有些腐败产物也不能去除，而且有的微生物可产生耐热的毒素，加热后也不能避免中毒。

虾酱不同，它是在人为控制条件下，采用特殊制作方法，抑制了有害菌，促进有益菌生长并发酵，使之产生独特风味，而非腐败变质的臭味。

尤其要注意的是，河蟹死后不能吃。它们体内含有大量微生物，一旦死亡，会迅速繁殖，扩散到蟹肉中并分解蛋白质，产生组胺等有毒产物，可引起食物中毒。

冰鲜螃蟹大多是海蟹，体内微生物相对较少，在冰鲜状态下，微生物繁殖缓慢，短时间内食用问题不大。但冰鲜状态并不能完全阻止微生物繁殖，时间久了同样会产生有毒物质，如果不能判断商家卖的冰鲜螃蟹死了多长时间，建议谨慎购买。

烹饪、食用冷冻海产品时要注意避免反复冻融。鱼虾解冻后，体内的微生物活性得到恢复，会快速繁殖；冻融过程会破坏鱼虾的组织结构，更有助微生物繁殖。鱼虾每解冻 1 次，微生物会大幅增长，不仅更容易腐败，还可能有致病菌和毒素增加，升高食物中毒的风险。

140. 海鲜类食品的保存应注意哪些问题

鱼贝类鲜度非常容易下降，生鲜贝类或冷冻食品，如果不妥善处理保存，很容易变质、腐败。所以消费者在选购时要特别注意鲜度。

保存海鲜类食品要做一些适当的准备工作。鱼类的处理方式是先将鳃、内脏和鱼鳞去除，以自来水充分洗净，再根据每餐的用量进行切割分装后冷冻。带壳的虾只、蟹类冷冻前清洗外表即可。蚌壳类先以清水洗一次，再放入注满清水及加入一大匙盐的盆内，待其吐砂后再冷冻。扇贝、孔雀贝等可直接冷冻。

需要注意的是，海产品一般需要保存在 -20℃以下才不会变质，而且与肉类食品一样，必须采取速冻。考虑到家用冰箱的冷冻体积有限，消费者最好不要一次买很多。对于海鲜类的食品，重在新鲜，现买现吃是最好的方式。

（七）水　果　类

141. 腐烂水果削去腐烂部分就安全了吗

不安全。

当水果受到损伤或保存不当时，一些病原微生物会侵入其中，导致其腐烂、变质。对于病原微生物侵入后造成的水果局部腐烂、变质，肉眼很容易看到。而对于水果在腐烂、变质过程中产生的有毒、有害物质，肉眼无法看到。水果尚未发生病变的部分会受到这些有毒、有害物质的侵染，食用后难免对人体健康造成不利影响，例如苹果和山楂等水果腐烂后会产生一种真菌毒素——展青霉素，食用了被展青霉素污染的水果可导致人神经、呼吸以及泌尿系统损害。因此，已部分腐烂的水果，削去腐烂部分后剩下的部分即使看似好的也不要食用。

142. 买回家的水果应如何保存才安全

买回家的水果放入冰箱中保存是最简单的方法，但应注意以下 4 点：

第一，冷藏的水果先不要清洗，用塑料袋或纸袋装好后再放入冰箱，以防水分蒸发致果皮皱缩或软化。塑料袋最好打数个小孔改善通气，以免水汽聚积促使病菌微生物滋生。

第二，每种水果有其最适合的贮藏温度及有效保存期，一般冰箱冷藏室温度约为 3~6℃，若水果的贮藏适温低于冰箱的温度，则贮藏期会随之缩短，且贮放越久，水果的营养和风味均逐渐降低，因此，买回的水果尽量在一周内吃完为好。

第三，热带水果（香蕉、菠萝、芒果、木瓜、柠檬等）的贮藏适温高于冰箱温度，这些水果只要贮放在室内阴凉的地方即可，不宜长时间摆在冰箱冷藏，否则会使果皮凹陷，易起斑点或褐变等，影响食用质量。

第四，苹果、梨、香蕉、木瓜或腐烂的水果容易产生乙烯，其他水果贮藏时尽量不要与上述种类放在一起，以免加速水果成熟及老化而不耐贮藏。

143. 热带水果为什么不宜放冰箱

热带水果之所以害怕低温，与它们的生长地区和气候有关。葡萄、苹果、梨等放在冰箱里可以起到保鲜的作用，香蕉、芒果宜在十几摄氏度的温度下保存。菠萝在 6~10℃下保存，不仅果皮会变色，果肉也会呈水浸状。荔枝和龙眼、红毛丹等在 1~2℃下保存，外果皮颜色会变暗，内果皮则会出现一些像烫伤了一样的斑点。如果一定要放入冰箱，应置于温度较高的蔬果槽中，保存时间最好不要超过 2 天。

144. 反季水果安全吗

规范种植、合理储运的反季节水果，食品安全有保障，消费者们可放心选用。

反季节水果主要指某些水果在传统收获季节以外的时间也能继续供应，是与应季水果相对应的。常见的反季节水果主要有三种来源：一是异地运输，利用南北气候差异，将生长在不同地域的水果通过现代化的物流运输到其他地区，比如从南方运到北方；二是应季生长、长期储存，通过现代保鲜技术延长水果的保质期，以供应市场本应下季的水果；三是大棚种植，通过人为改变光照、温度、水、肥料等条件，为水果生长创造适宜的局部环境。

这些生产方式不会对反季节水果的食用安全性带来较大影响，但不同的

储运条件和种植环境可能会使得反季节水果与应季水果在口感、营养成分含量上存在一定差异，人们可根据自己的消费习惯选择是否购买。

备受关注的农药残留和植物激素等问题，不是反季节水果特有的食品安全问题。无论是反季节水果还是应季水果，在种植过程中都可能会使用农药或植物生长调节剂（植物激素），以保障水果的正常生长和果实品质，只要其使用符合国家规定，那么正常食用这些水果后不会对人体健康产生危害。

145. 水果制品为什么会含有二氧化硫

通常情况下，二氧化硫以焦亚硫酸钾、亚硫酸钠等亚硫酸盐的形式添加于食品中，或采用硫黄熏蒸的方式用于食品处理，发挥护色、防腐、漂白和抗氧化的作用。比如在水果、蜜饯、凉果生产，白砂糖加工及鲜食用菌和藻类贮藏和加工过程中可以防止氧化褐变或微生物污染。利用二氧化硫气体熏蒸果蔬原料，可抑制原料中氧化酶的活性，使制品色泽明亮美观。

我国《食品安全国家标准 食品添加剂使用标准》（GB 2760）对亚硫酸盐类食品添加剂的适用范围、使用量及残留量等有着严格的规定。若长期过量食用二氧化硫超标的食品，会对人体肠胃造成强烈刺激，容易产生恶心、呕吐等肠道反应，还会影响钙吸收，严重时会出现喉头痉挛、喉头水肿、支气管痉挛等症状。《食品安全国家标准 食品添加剂使用标准》（GB 2760—2014）对二氧化硫的最大使用量作出了明确规定：蜜饯凉果类中二氧化硫及其硫酸盐的最大使用量（以二氧化硫残留量计）为 0.35 克 / 千克，水果干类的最大使用量（以二氧化硫残留量计）为 0.1 克 / 千克。

（八）坚果类食品

146. 坚果类食品最容易出现哪些食品安全问题

坚果富含蛋白质和脂肪酸，本身易受真菌毒素污染；坚果制品在加工过程

中如果受到违规操作影响，可能会出现违规成分检出、食品添加剂超范围和超量使用等食品安全问题。

(1) 真菌毒素污染：坚果中常见真菌毒素污染种类主要有4类16种，分别是黄曲霉毒素B_1、黄曲霉毒素B_2、黄曲霉毒素G_1、黄曲霉毒素G_2、T-2毒素、玉米赤霉烯酮、恩镰孢菌素A、恩镰孢菌素A_1、恩镰孢菌素B、恩镰孢菌素B_1、白僵菌毒素、藤毒素、交链孢醇、链格孢酚甲醚、赭曲霉毒素A和赭曲霉毒素B。

(2) 违规工艺及成分的使用：为了能使坚果炒货的外观颜色均匀、色泽光亮，有些小作坊会使用违规工艺或违规成分对其进行加工。加工后产生的化学物质随产品进入人体，对人体健康造成危害。例如使用工业过氧化氢溶液漂白开心果，利用焦亚硫酸钠或工业硫黄熏蒸白瓜子，用工业滑石粉来抛光松子，使用石蜡或矿物油打磨栗子，使用工业明矾清洗西瓜籽，以及用化工原料硫酸亚铁来生产绿茶瓜子等。

(3) 食品添加剂的超范围使用：有些企业为了使产品色彩鲜艳，能吸引更多消费者，尤其是儿童，会使用目前国家标准中不允许在坚果炒货食品中添加的着色剂如使用胭脂红来生产红瓜子。

(4) 食品添加剂的过量使用：《食品安全国家标准 食品添加剂使用标准》(GB 2760)中对坚果炒货食品中允许添加的食品添加剂都规定有最大使用量。若过量使用同样会对消费者的健康产生影响，如在浸泡瓜子的调料中重复加入甜味剂后会造成产品中的甜味剂超标，或用大量亮蓝对瓜子进行染色等。由于坚果与炒货食品中含有大量不饱和脂肪酸如油酸、亚油酸、亚麻酸等，为防止坚果与炒货食品食用油脂酸败，通常在食品加工过程中会添加抗氧化剂防止或减慢食品变质，保持其原有性质和营养价值。但是，过量使用抗氧化剂不仅影响食品自身风味，还对人体有一定毒性。

（九）外 卖 食 品

147. 外卖食品存在哪些安全隐患

网络订餐有着方便快捷的优势，所以近年来在餐饮行业中占据稳定的市场，但消费者对于外卖食物加工、配送等情况一无所知，部分第三方交易平台把关不力、管理不严，致使加工卫生环境脏乱、加工设施简陋、送餐过程随意，甚至无证无照从事餐饮服务活动的餐饮单位入网经营，严重影响了外卖食品的安全，带来更高的食品安全风险。

其次，不少外卖食品配送都是简易包装，有时甚至生熟食品打包在一起配送。夏天，食物处于高温环境下，并且交叉放置，短时间内会滋生更多微生物，进而加快其腐败变质的速度。所以，同一般食物相比，外卖食物可能存在更大风险。在 5~60℃的环境中，温度越高，越不利于食物贮藏。其中容易腐败变质的食品如肉制品、蛋类，贮存时间假如超过 2 小时，食品中的细菌就可能大量繁殖，有时甚至产生耐热性的毒素，极易引起食物中毒。

建议消费者选择自己比较熟悉的并且就近的店，这样可能相对安全一些。另外，外卖送达后，应当首先检查送餐者的卫生和健康状况，送餐箱是否清洁，是否与其他物品混放，食物包装是否完整和清洁；其次，应尽快食用。用餐时，应注意分辨食品是否变质、是否有异物或异味，定型包装食品应在其保质期内。畜禽肉、鱼虾等动物性食品，选择烧熟煮透的、最好是刚出锅的食品。

（十）油脂类食品

148. 植物油最容易受到什么污染

中华饮食文化源远流长，植物油是国人不可缺少的食品之一。常见的植物油主要有花生油、大豆油、菜籽油、葵花子油、芝麻油、色拉油、橄榄油、棕榈油、调和油等。植物油是人们日常摄入的主要粮油制品，其安全关系到大众健康和社会稳定。真菌毒素污染是植物油存在的重要食品安全隐患，已成为植物油安全的主要问题之一，不仅带来经济损失，对人体健康也有非常严重的危害。花生、玉米、葵花子、橄榄、芝麻、大豆、菜籽等油料极易受到呕吐毒素、黄

曲霉毒素（AFB_1、AFB_2、AFG_1、AFG_2）、伏马毒素、T-2 毒素、赭曲霉毒素 A 和玉米赤霉烯酮等真菌毒素的污染。

149. 食用油可以反复使用吗

不建议反复使用。

食用油中丙二醛严重影响着酶促反应过程中酶的活性，造成细胞的生物膜受到损伤，加速生物体的衰老，与蛋白质不相容，具有潜在的致癌性。食用油随着反复使用次数的增加，其丙二醛的含量呈递增趋势。据相关研究报道，在反复使用 3 次之后，原油中丙二醛含量升高 2.8~10.0 倍；在反复使用 7 次之后，丙二醛含量升高约 30.0 倍。街头摊点、餐饮门店等食用油反复使用现象屡见不鲜。建议消费者减少外出就餐次数，在家烹调用油也要以健康为重，减少油的反复使用。

150. 废弃油脂"地沟油" "泔水油"最后如何处理的

餐馆、食堂、火锅店等餐饮部门产生的残羹剩饭、泔水等废弃物缺乏统一收购处理，其去向常处于市场监管的灰色区域。有研究发现，废弃油脂的量与饭店餐馆消耗的植物油的量以及动物类食品的消耗量呈正相关关系。一般情况下，餐馆垃圾与隔油池垃圾中废弃油脂的量占餐馆所有植物油以及动物性食品所得脂肪综合的 20%~40%。这些主要包括餐饮服务单位和食品加工企业经营中产生的废弃油脂，俗称"炸货油"；餐饮服务单位经油水分离器或隔油装置分离后产生的油脂，俗称"地沟油"；餐厨垃圾中可分离的废弃油脂，俗称"泔水油"。

如何监管餐饮服务单位，杜绝"地沟油"回流现象，成为人们日益关注的问题。尽管多部门联合执法，但地沟油现象仍屡禁不止，主要有两个原因：①倒卖地沟油有巨大的利润；②正规企业处理餐厨垃圾及废弃油脂的成本较高，前期投资较大，衍生物尚未形成产业链，衍生商品销售困难，资金回流困难。

就目前市场形势来看，餐厨垃圾可以通过高温发酵后制成花果肥料，废弃油脂经过提炼改造成彩色肥皂等，废弃油脂也可经过处理变成生物柴油。

政府和百姓联合行动，才能杜绝地沟油回流餐桌，减少餐厨垃圾和废弃油脂处理不当造成的环境污染；要加强对餐饮企业的监管，对于餐饮企业使用

“地沟油”和非法倒卖“地沟油”的行为给予严惩。同时，对于产生量大的餐厨垃圾和废弃油脂企业给予适当的经济补贴，从源头采取奖罚并举的措施，与正规运输企业和具有处理设施的企业签订运输合同，全面监管餐厨垃圾、废弃油脂，只有这样，才能消除“地沟油”造成的食品安全隐患。

（十一）酒　类

151. 假酒假在哪里

目前市场上的假酒主要分为两类，一类是用低端酒冒充高端酒的假名酒，另一类是用工业酒精勾兑成食用白酒销售的假酒。

所谓的低端酒，一般是指生产成本比较低的酒精酒。当然，这里需要澄清一个概念——酒精酒不等于假酒。酒精酒通常是以含淀粉、糖类的物质为原料，采用液态糖化、发酵、蒸馏成的基酒（或食用酒精），经过串香或用食品添加剂调味调香，勾调出来的白酒。这种酒生产过程简单，并且不易受原料和时间等条件影响，可以快速地批量生产，但其风味和口感相对于粮食酒就差一些。

虽然酒精酒作为液态法生产的白酒完全符合国家相关标准，其本身不是假酒，饮用也不会带来更大的安全隐患，但以低端酒精酒冒充高端粮食酒，以次充好欺骗消费者，就是假冒行为。

第二类用工业酒精勾兑成的假酒，目前市场上已经比较少见。工业酒精勾兑成的假酒假在工业酒精，而不是勾兑。勾兑调味本身是白酒制作的一种工艺，是把具有不同香气、口味和风格的酒，按不同比例进行调配，并使之符合一定标准，保持成品酒特定风格的专门技术。将不同风格的酒勾兑调和，可以获得更好的风味。但我国明令禁止使用工业酒精生产各种酒类。主要是因为工业酒精中往往含有甲醇、醛类、有机酸等杂质，而甲醇对人体有较强的毒性，有研究显示，人体一次性摄入甲醇超过5~10毫升就可导致严重中毒，超过15毫升则可能造成失明，超过30毫升可致死；并且甲醇在体内不易排出，会发生蓄积，在体内氧化生成的甲醛和甲酸也都有毒性。因此人们如果饮用含工业酒精的假酒，很容易导致中毒，甚至死亡。

152. 如何鉴别假酒

目前并没有行之有效且标准统一的鉴别假酒的方法，不同品牌的白酒可能有不同的鉴别手段。而甲醇由于结构性质与乙醇非常相近，人们很难通过嗅觉和味觉辨认掺有工业酒精的白酒。网上以及坊间流传的一些其他方法例如观察酒花、手搓、烧碱等也不十分科学准确，甚至有些方法最后被证实为谣言。那消费者怎样做才能避免买到假酒呢?

第一，购买白酒时选择正规销售渠道。可以通过查询白酒品牌的官网，获得当地正规授权的经销商信息，到正规经销商店购买，如果是网上购买，也选择品牌所在电商平台的旗舰店或者官网商城。

第二，不要贪图便宜。白酒品牌的官网上都可以查询到商品价格，消费者在选购时注意商品标价；也尽量不要购买小作坊生产或者市场上销售的散装酒。不要因为一点便宜而入了假酒的坑。

第三，不要轻信营销广告。例如标有“厂家自提”“厂家直销”这种标语，价格又明显优惠低廉的产品就要谨慎购买。

营养专家提醒消费者，酒的主要成分是乙醇，其本身是许多疾病如痛风、癌症等发生的危险因素，过量饮用还可引起肝损伤，因此饮酒一定要限量。

(十二)调 味 品 类

153. 调味品是食品添加剂吗

调味品,是指能增加菜肴的色、香、味,促进食欲,有益于人体健康的辅助食品。它的主要功能是增进菜品质量,满足消费者的感官需要,从而刺激食欲,增进人体健康。从广义上讲,调味品包括咸味剂、酸味剂、甜味剂、鲜味剂和辛香剂等,像食盐、酱油、醋、味精、糖、八角、茴香、花椒、芥末等都属此类。而食品添加剂是指为改善食品品质和色、香、味以及为防腐和加工工艺的需要而加入食品中的化学合成或天然物质。如抗氧化剂、漂白剂、膨松剂、着色剂、护色剂等。常见的亚硫酸钠、碳酸氢钠、胭脂红等都属于食品添加剂。

154. 酱油中含有的氨基酸态氮是什么,安全吗

氨基酸态氮亦称氨基氮,指的是以氨基酸形式存在的氮元素,并不是一种独立的物质,更不是一种功效成分,是酿造酱油中的重要组成成分,也是酱油在调味时鲜味的主要来源。氨基酸态氮是判定发酵产品发酵程度的特性指标。氨基酸态氮由制造酱油的原料(大豆和/或脱脂大豆、小麦和/或麸皮)中的蛋白质水解产生的,是区分酿造酱油与勾兑酱油、展示酱油质量的重要指标。换句话说,只有含有氨基酸态氮的酱油才是纯酿造酱油。氨基酸态氮的含量和营养(或品级)是成正比的,也就是说,相同的重量,氨基酸态氮的含量越高酱油品质越好。但要注意,一般情况下,每 100 克酱油,氨基酸态氮的含量达 0.6~0.8 克就是非常高的等级了,至于市场上看到的高于 0.8 克甚至达到 1.2 克氨基酸态氮含量的酱油,基本都是通过添加合成达到的。

155. 酿造食醋、配制醋、勾兑醋，哪个安全

酿造食醋的特点是原料全是粮食。配制醋有一部分是加了其他的东西。勾兑醋就是不含任何粮食，完全用食品添加剂勾兑而成。因此，建议消费者最好购买酿造食醋，但应注意：酿造食醋包装上打着“酿造食醋”以外，还有包装上写的产品标准号是GB 18187。酿造食醋中有很多的有机物，比如蛋白质、氨基酸等，摇动醋瓶就会产生很多泡沫，而且泡沫的持久性比较长。